ISW 3

Berichte aus dem Institut für Steuerungstechnik
der Werkzeugmaschinen und Fertigungseinrichtungen
der Universität Stuttgart

Herausgegeben von Prof. Dr.-Ing. G. Stute

J. Eisinger

Numerisch gesteuerte Mehrachsenfräsmaschinen

Fräserbahnabweichungen aufgrund der Kinematik und Interpolation

---

Springer-Verlag
Berlin Heidelberg GmbH 1972

Mit 45 Abbildungen

ISBN 978-3-540-05836-6 ISBN 978-3-662-09020-6 (eBook)
DOI 10.1007/978-3-662-09020-6

Ursprünglich erschienen bei Springer-Verlag Berlin Heidelberg New York 1972
Library of Congress Catalog Card Number 72-79061

Vorwort des Herausgebers

Das Institut für Steuerungstechnik der Werkzeugmaschinen und Fertigungseinrichtungen der Universität Stuttgart befaßt sich mit den neuen Entwicklungen der Werkzeugmaschine und anderen Fertigungseinrichtungen, die insbesondere durch den erhöhten Anteil der Steuerungstechnik an den Gesamtanlagen gekennzeichnet sind. Dabei stehen die numerisch gesteuerte Werkzeugmaschine in Programmierung, Steuerung, Konstruktion und Arbeitseinsatz sowie die vermehrte Verwendung des Digitalrechners in Konstruktion und Fertigung im Vordergrund des Interesses.

Im Rahmen dieser Buchreihe sollen in zwangloser Folge drei bis fünf Berichte pro Jahr erscheinen, in welchen über einzelne Forschungsarbeiten berichtet wird. Vorzugsweise kommen hierbei Forschungsergebnisse, Dissertationen, Vorlesungsmanuskripte und Seminarausarbeitungen zur Veröffentlichung.

Diese Berichte sollen dem in der Praxis stehenden Ingenieur zur Weiterbildung dienen und helfen, Aufgaben auf diesem Gebiet der Steuerungstechnik zu lösen. Der Studierende kann mit diesen Berichten sein Wissen vertiefen.

Unter dem Gesichtspunkt einer schnellen und kostengünstigen Drucklegung wird auf besondere Ausstattung verzichtet und die Buchreihe im Fotodruck hergestellt.

Der Herausgeber dankt dem Springer-Verlag für Hinweise zur äußeren Gestaltung und Übernahme des Buchvertriebs.

Stuttgart, im Februar 1972

Gottfried Stute

Vorwort

Die vorliegende Arbeit entstand während meiner Tätigkeit als wissenschaftlicher Assistent am Institut für Steuerungstechnik der Werkzeugmaschinen und Fertigungseinrichtungen der Universität Stuttgart.

Herrn Prof. Dr.-Ing. G. Stute, dem Leiter des Institutes, danke ich für sein stetes Interesse und die wertvollen Anregungen während des Entstehens dieser Arbeit ganz herzlich.

Mein Dank gilt auch Herrn Prof. Dipl.-Ing. K. Tuffentsammer für die eingehende Durchsicht der Arbeit und die Vorschläge zu ihrer Verbesserung.

Außerdem möchte ich allen Mitarbeitern des Institutes danken, die mir durch kritische Hinweise und häufige Diskussionen sehr geholfen haben.
Dieser Dank gilt besonders Herrn Dr.-Ing. A. Storr und Herrn Dipl.-Ing. H. Damsohn.

Jörg Eisinger

Inhaltsverzeichnis

Seite

Vorwort 3
Schrifttum 8
Zeichenerklärung 11

1. Einleitung 16

2. Spezielle Bauformen von Mehrachsenfräsmaschinen 19
2.1. Kinematik und Werkzeuglage an Mehrachsenfräsmaschinen 19
2.2. Bauformen der untersuchten Mehrachsenfräsmaschinen 19

3. Kinematische Abweichungen von einem "Cut-Vector" 22
3.1. Die Simultanbewegung 22
3.2. Interpolation bei Mehrachsenfräsmaschinen 23
3.2.1. Lineare Interpolation 24
3.2.2. Parabolische Interpolation 24
3.2.3. Zirkulare Interpolation 25
3.3 Transformationsgleichungen 25
3.4. Abweichungen von der Sollfräserbahn bei Mehrachsenfräsmaschinen 29
3.4.1. Die Zweideutigkeit der Werkzeugachslage 30
3.4.1.1. Trägheitsmomente bezogen auf die rotatorischen Achsen 33
3.4.1.2. Durchbiegung des Ständers und des Auslegers 34
3.4.1.3. Kollisionsbetrachtung 34
3.4.1.4. Die Optimierung der Verfahrzeit 34
3.4.1.5. Die minimale Abweichung vom Cut-Vector 35
3.4.2. Die Winkel- bzw. Achsabweichung 36
3.4.2.1. Winkelabweichung bei linearer Interpolation 39
3.4.2.2. Winkelabweichung bei parabolischer Interpolation 40
3.4.3. Die Spitzenabweichung 41

		Seite
3.4.3.1.	Spitzenabweichung bei linearer Interpolation	41
3.4.3.2.	Spitzenabweichung bei parabolischer-Interpolation	42
3.4.4.	Die Gesamtabweichung	45
4.	Parameter für Abweichungen vom Cut-Vector	49
4.1.	Darstellung der Bahnabweichungen als Funktion ihrer Parameter	49
4.2.	Diskussion der Ergebnisse	51
4.3.	Folgerungen aus den Ergebnissen	62
5.	Tatsächliche Bahngeschwindigkeit und Verfahrzeit am Cut-Vector	64
5.1.	Die Verfahrzeit	64
5.2.	Bahngeschwindigkeit bei linearer Interpolation	64
5.3.	Bahngeschwindigkeit bei parabolischer Interpolation	68
6.	Anpassung der Datenmenge an die geforderte Genauigkeit der Fräserbahn	71
6.1.	Methoden der Linearisierung	72
6.1.1.	Linearisierung durch Rückwärtsgehen zwischen zwei Punkten	72
6.1.2.	Linearisierung durch Rückwärtsgehen zwischen fünf Punkten	74
6.1.3.	Linearisierung durch Vorwärtsgehen	75
6.2.	Vergleich der Punktdichte bei linearer und parabolischer Interpolation	78
7.	Die abweichungsfreie Fräserbewegung bei Mehrachsenfräsmaschinen	81
7.1.	Verfahren zur abweichungsfreien Fräserbewegung	81
7.2.	Vorteile des Verfahrens	83
7.3.	Nachteile des Verfahrens	84

Seite

8. Entscheidungshilfen für den Anwender von Mehrachsenfräsmaschinen 86

9. Zusammenfassung 89

Schrifttum

[1] APT Part Programming Manual: APT Dictionary. IIT Research Institute, 1963.

[2] Bumiller, S., H. Esch u. T. Petera: Gesichtspunkte zur Auslegung der NC-5-Achsen-Fräsmaschine am Institut für Steuerungstechnik der Werkzeugmaschinen und Fertigungseinrichtungen der Universität Stuttgart. VDI-Bericht Nr. 166, VDI-Verlag, Düsseldorf, 1971.

[3] Computer Programmer Manual. APT-Postprocessor (FORTRAN IV) for the Bunker-Ramo 3000 Contour Control 1-12 Axis. The Bunker-Ramo Corporation, Cleveland, Ohio, November 1, 1965.

[4] Damsohn, H. u. J. Eisinger: Notwendige Punktdichte bei 5-achsiger Fräsbearbeitung. Ind.-Anz. 93 (1971) Nr. 107, S. 2744/2745.

[5] Eisinger, J.: Konturfehler bei einer 5-achsig numerisch gesteuerten Fräsmaschine durch Simultanbewegung aller 5 Achsen. Ind.-Anz. 93 (1971) Nr. 18, S. 384/385.

[6] Esch, H.: Der geometrische Aufbau von 5-Achsen-Maschinen. Ind.-Anz. 94 (1972) (zur Veröffentlichung eingereicht)

[7] Five Axis Linearization Study. IIT Research Institute, February 1964.

[8] Five Axis Linearization Study. IIT Research Institute (Datum unbekannt).

[9] Friedrich, C. u. E. Götz: NC-CNC-DNC Rechnereinsatz in der NC-Technik. Steuerungstechnik 3 (1970) Heft 8, S. 254/258.

[10] GECENT Postprocessor. Computer Programmer Manual: Part Programmer Manual, General Electric Company, Evendale, Ohio, 1970.

[11] Herold, H., W. Maßberg u. G. Stute: Die numerische Steuerung in der Fertigungstechnik. VDI-Verlag, Düsseldorf, 1971.

[12] Japanese NC-Machine Tools, February 1971.

[13] Mc Dougall, W.: Notes on an APT Multi-Axis Part Programming Course held at IITRI, Chicago, March 1967. NEL Memo X5/94C, May 1967.

[14] Ruhbruck, M. u. F. Weber: Sinumerik 300, dreidimensionale Bahnsteuerung mit linearer und parabolischer Interpolation. Siemens-Zeitschrift 44 (1970) S. 58/62, Beiheft "Numerische Steuerungen".

[15] Schmid, D.: Gesichtspunkte zur Informationsverarbeitung durch die numerische Bahnsteuerung. Ind.-Anz. 93 (1971) Nr. 80/81, S.2032/2033.

[16] Schmid, D.: Interpolationsverfahren bei numerischen Bahnsteuerungen. Steuerungstechnik 2 (1969) H. 9 S. 342/349.

[17] Sim, R. M.: Some Problems related to APT Multi-Axis Postprocessors. NEL Memo X5/52C. September 1966.

[18] Simon, W.: Die numerische Steuerung von Werkzeugmaschinen. Carl Hanser, München, 1971, 2. Aufl.

[19] Stute, G. u. R. Nann: DNC-Rechnerdirektsteuerung von Werkzeugmaschinen. Wt.-Z. ind. Fertig. 61 (1971), H. 2, S. 69/74.

[20] VDI 3255 Festlegung der Koordinatenachsen und Zuordnung der Bewegungsrichtungen. Dezember 1968.

[21] Wilkinson, D.: Milling a Hemisphere. NEL Memo X5/96, July 1969.

[22] Zurmühl, R.: Praktische Mathematik. Springer-Verlag, Berlin, Heidelberg, New York, 1965, 5. Aufl.

[23] DIN 66025 Programmaufbau für numerisch gesteuerte Arbeitsmaschinen. Allgemeines. Blatt 1, Entwurf Juni 1968; Wegbedingungen und Zusatzfunktionen, Blatt 2, Vorlage für Normentwurf, Februar 1971; Vorschübe und Spindeldrehzahlen, Blatt 3, Entwurf September 1968; Beschreibung der numerisch gesteuerten Arbeitsmaschine, Blatt 4, Entwurf September 1969.

[24] DIN 5490 Gebrauch der Wörter bezogen, spezifisch, relativ, normiert und reduziert. Ausgabe September 1963.

Zeichenerklärung

Abkürzungsverzeichnis

A	Drehachse des Schwenkkopfes parallel zur X'-Achse
B	Drehachse des Schwenkkopfes parallel zur Y-Achse
C	Drehachse des Schwenkkopfes parallel zur Z-Achse
C'	Drehachse des Drehtisches parallel zur Z-Achse
DVA	Datenverarbeitungsanlage
Gl.	Gleichung
M-System	Maschinenkoordinatensystem
W-System	Werkstückkoordinatensystem
X'	Achsrichtung des Maschinentisches
Y	Achsrichtung des Auslegers
Z	Achsrichtung des Maschinenständers
*	Werte aus der Simulation der Interpolationsart der Steuerung
Δ	Inkremente

Formelzeichen und Einheiten

A_0, A_0'	mm	Koeffizient einer Bewegungsgleichung
A_1, A_1'	mm/s	Koeffizient einer Bewegungsgleichung
A_2, A_2'	mm/s^2	Koeffizient einer Bewegungsgleichung
a_F	mm	Formabweichung des Werkstücks
B_0	mm	Koeffizient einer Bewegungsgleichung
B_1	mm/s	Koeffizient einer Bewegungsgleichung
B_2	mm/s^2	Koeffizient einer Bewegungsgleichung
C_0	mm	Koeffizient einer Bewegungsgleichung
C_1	mm/s	Koeffizient einer Bewegungsgleichung
C_2	mm/s^2	Koeffizient einer Bewegungsgleichung
d	mm	Fräserdurchmesser
D_0	mm	Koeffizient einer Bewegungsgleichung
D_1	mm/s	Koeffizient einer Bewegungsgleichung
D_2	mm/s^2	Koeffizient einer Bewegungsgleichung

E_0	mm	Koeffizient einer Bewegungsgleichung
E_1	mm/s	Koeffizient einer Bewegungsgleichung
E_2	mm/s^2	Koeffizient einer Bewegungsgleichung
f		Faktor
g	mm	Gesamtabweichung des Fräsers
G_0	mm	Koeffizient einer Bewegungsgleichung
G_1	mm/s	Koeffizient einer Bewegungsgleichung
i		Zählvariable
i_{AW}		Vektorkomponente von $\overrightarrow{V_{AW}}$ in X_W-Richtung
i_{EW}		Vektorkomponente von $\overrightarrow{V_{EW}}$ in X_W-Richtung
i_W		Vektorkomponente von $\overrightarrow{V_W}$ in X_W-Richtung
i_{ZW}		Vektorkomponente von $\overrightarrow{V_{ZW}}$ in X_W-Richtung
j_{AW}		Vektorkomponente von $\overrightarrow{V_{AW}}$ in Y_W-Richtung
j_{EW}		Vektorkomponente von $\overrightarrow{V_{EW}}$ in Y_W-Richtung
j_W		Vektorkomponente von $\overrightarrow{V_W}$ in Y_W-Richtung
j_{ZW}		Vektorkomponente von $\overrightarrow{V_{ZW}}$ in Y_W-Richtung
k		Zählvariable
k_{AW}		Vektorkomponente von $\overrightarrow{V_{AW}}$ in Z_W-Richtung
k_{EW}		Vektorkomponente von $\overrightarrow{V_{EW}}$ in Z_W-Richtung
k_W		Vektorkomponente von $\overrightarrow{V_W}$ in Z_W-Richtung
k_{ZW}		Vektorkomponente von $\overrightarrow{V_{ZW}}$ in Z_W-Richtung
l	mm	Länge eines Cut-Vectors
l_i	mm	Länge des i-ten Cut-Vectors
m		Anzahl der Cut-Vectoren
n		Zählvariable
P_{AW}		Anfangspunkt eines Cut-Vectors im W-System
P_{EW}		Endpunkt eines Cut-Vectors im W-System
P_n		Beliebiger Punkt einer Fräserbahn
r_{WZ}	mm	Abstand der Fräserspitze zur Schwenkachse des Werkzeugs
s	mm	Spitzenabweichung des Fräsers
s_P	mm	Spitzenabweichung nach dem Satz des Pythagoras berechnet
t	s	Variable Zeit
t_{AP}	s	Zeit zwischen zwei aufeinanderfolgenden Fräserpositionen
$t\alpha_M$	s	Zulässige Verfahrzeit in der A-Achse

$t_{\gamma M}$	s	Zulässige Verfahrzeit in der C-(C')Achse
t_{GES}	s	Verfahrzeit zwischen zwei Fräserpositionen
t_N		Bezogene (normierte) Bewegungszeit
t_{NEU}	s	Korrigierte, neue Verfahrzeit
t_k		Bezogene (normierte) Verfahrzeit bis zum k-ten Cut-Vector
TOL	mm	Durchmesser des Toleranzschlauches in APT
t_{XM}	s	Zulässige Verfahrzeit in der X'-Achse
t_{YM}	s	Zulässige Verfahrzeit in der Y-Achse
t_{ZM}	s	Zulässige Verfahrzeit in der Z-Achse
u^*	mm/s	Tatsächliche Bahngeschwindigkeit der Fräserspitze
u_{PROG}	mm/s	Programmierte Bahngeschwindigkeit der Fräserspitze
$\vec{V}_1$		Vektor parallel zu $\vec{V}_{AW}$
$\vec{V}_2$		Vektor parallel zu $\vec{V}_{EW}$
$\vec{V}_{AW}$		Einheitsvektor für die Fräserachslage in P_{AW}
$\vec{V}_{EW}$		Einheitsvektor für die Fräserachslage in P_{EW}
$\vec{V}_W$		Einheitsvektor für die Fräserachslage in P_W
$\vec{V}_{ZW}$		Einheitsvektor zwischen $\vec{V}_{AW}$ und $\vec{V}_{EW}$
w	mm	Zusätzliche Abweichung infolge Winkelabweichung
X_{AM}	mm	X-Koordinatenwert von P_{AW} im M-System
X_{AW}	mm	X-Koordinatenwert von P_{AW}
X_{EM}	mm	X-Koordinatenwert von P_{EW} im M-System
X_{EW}	mm	X-Koordinatenwert von P_{EW}
X_M	mm	Koordinate in der X'-Achse
$\dot{X}_M$	mm/s	Vorschubgeschwindigkeit in der X'-Achse
$\ddot{X}_M$	mm/s^2	Beschleunigung in der X'-Achse
$\dot{X}_{MZUL}$	mm/s	Maximal zulässige Vorschubgeschwindigkeit in der X'-Achse
X_{TO}	mm	X-Koordinatenwert des Nullpunktes vom W-System im M-System
X_W	mm	X-Koordinate im W-System
Y_{AM}	mm	Y-Koordinatenwert von P_{AW} im M-System
Y_{AW}	mm	Y-Koordinatenwert von P_{AW}
Y_{EM}	mm	Y-Koordinatenwert von P_{EW} im M-System

Y_{EW}	mm	Y-Koordinatenwert von P_{EW}
Y_M	mm	Koordinate in der Y-Achse
$\dot{Y}_M$	mm	Vorschubgeschwindigkeit in der Y-Achse
$\dot{Y}_{MZUL}$	mm/s	Maximal zulässige Vorschubgeschwindigkeit in der Y-Achse
Y_{TO}	mm	Y-Koordinatenwert des Nullpunktes vom W-System im M-System
Y_W	mm	Y-Koordinate im W-System
Z_{AM}	mm	Z-Koordinatenwert von P_{AW} im M-System
Z_{AW}	mm	Z-Koordinatenwert von P_{AW}
Z_{EM}	mm	Z-Koordinatenwert von P_{EW} im M-System
Z_{EW}	mm	Z-Koordinatenwert von P_{EW}
Z_M	mm	Koordinate in der Z-Achse
$\dot{Z}_M$	mm/s	Vorschubgeschwindigkeit in der Z-Achse
$\dot{Z}_{MZUL}$	mm/s	Maximal zulässige Vorschubgeschwindigkeit in der Z-Achse
Z_W	mm	Z-Koordinate im W-System
Z_{TO}	mm	Z-Koordinatenwert des Nullpunktes vom W-System im M-System
α_{AM}	°	Winkelwert von $\vec{V}_{AW}$ im M-System
α_{AW}	°	Winkelwert von $\vec{V}_{AW}$
α_{EM}	°	Winkelwert von $\vec{V}_{EW}$ im M-System
α_{EW}	°	Winkelwert von $\vec{V}_{EW}$
α_M	°	Drehwinkel der A-Achse (Schwenkkopf)
α_{MO}	°	Anfangswert von α_M
α_{M1}	°	Erste mögliche Endlage von α_M
α_{M2}	°	Zweite mögliche Endlage von α_M
$\dot{\alpha}_M$	1/s	Winkelgeschwindigkeit in der A-Achse
$\dot{\alpha}_{MZUL}$	1/s	Maximal zulässige Winkelgeschwindigkeit in der A-Achse
α_W	°	Winkel aus Einheitsvektor $\vec{V}_W$
β_M	°	Drehwinkel der B-Achse (Schwenkkopf)
β_{MO}	°	Anfangswert von β_M
β_{M1}	°	Erste mögliche Endlage von β_M
β_{M2}	°	Zweite mögliche Endlage von β_M
γ_{AM}	°	Winkelwert von $\vec{V}_{AW}$ im M-System

γ_{AW}	°	Winkelwert von $\vec{V}_{AW}$
γ_{EM}	°	Winkelwert von $\vec{V}_{EW}$ im M-System
γ_{EW}	°	Winkelwert von $\vec{V}_{EW}$
γ_{M}	°	Drehwinkel der C-(C')Achse
γ_{MO}	°	Anfangswert von γ_M
γ_{M1}	°	Erste mögliche Endlage von γ_M
γ_{M2}	°	Zweite mögliche Endlage von γ_M
$\dot{\gamma}_{M}$	1/s	Winkelgeschwindigkeit in der C-(C')Achse
$\dot{\gamma}_{MZUL}$	1/s	Maximal zulässige Winkelgeschwindigkeit in der C-(C')Achse
γ_{W}	°	Winkel aus Einheitsvektor $\vec{V}_{W}$
λ	°	Laufender Winkel zwischen $\vec{V}_{AW}$ und $\vec{V}_{ZW}$
φ	°	Winkelabweichung
θ	°	Winkel zwischen $\vec{V}_{AW}$ und $\vec{V}_{EW}$

1. Einleitung

Zur Bearbeitung von Werkstücken mit komplexen Oberflächen, besonders in der Kleinserien- und Einzelfertigung, setzt man in zunehmendem Maße numerisch gesteuerte Mehrachsenfräsmaschinen ein. Allen diesen Maschinen ist gemeinsam, daß sie gestatten, das Werkzeug aufgrund ihrer Kinematik im Arbeitsbereich der Maschine in eine beliebige Lage zu bringen. Dies bedingt neben den translatorischen Achsen zusätzliche rotatorische Achsen [2]. Die freie Wahl der Werkzeugorientierung zu Werkstückoberfläche bzw. zur Fräserbahn bringt technologische Vorteile: Günstigere Zerspanung, bessere Oberflächenqualitäten und größere Wirtschaftlichkeit in der Fertigung [12].

Zur Programmierung, d. h. zur Erstellung des Steuerlochstreifens mit Rechnerhilfe für diese mehrachsige Bearbeitung, hat sich die Programmiersprache APT mit speziellen Angaben für die Werkzeugachslage zur Werkstückoberfläche [1] eingeführt. Wie Bild 1/1 zeigt, ergeben sich aus der Verarbeitung eines APT-Teileprogramms mit einer Datenverarbeitungsanlage (DVA) und eines speziellen Verarbeitungsprogramms (Compiler), geometrische Informationen. Sie beschreiben die Positionen des Fräswerkzeuges im Werkstückkoordinatensystem (W-System) durch Koordinaten der Werkzeugspitze und Komponenten eines Einheitsvektors für die Werkzeugachslage. Das Nachverarbeitungsprogramm (Postprocessor) hat die Aufgabe, diese allgemein gültigen, geometrischen Informationen in steuerungsgerechte, auf eine bestimmte Fertigungseinrichtung zugeschnittene Daten in das Maschinenkoordinatensystem (M-System) umzuwandeln [3, 10].

Aufgrund der Interpolationsarten der numerischen Steuerungen (meist lineare, seltener parabolische Interpolation), zusammen mit der besonderen Kinematik der Mehrachsenmaschinen, ergeben sich sogenannte "kinematische Abweichungen" von der Sollfräserbahn. Aus diesen Abweichungen resultieren geometrische Ungenauigkeiten am Werkstück sowie technologische Schwierigkeiten bei

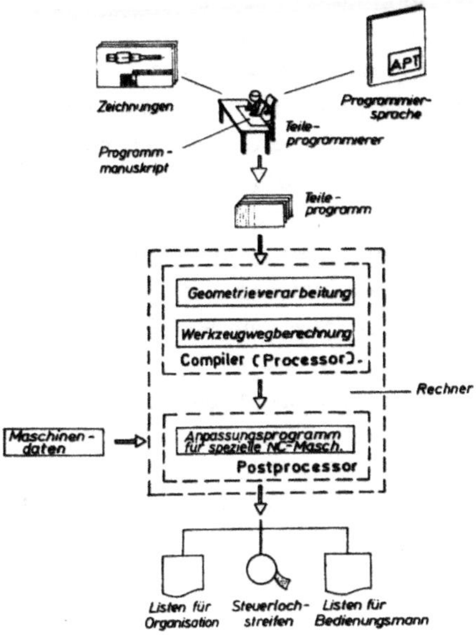

Bild 1/1: Maschinelles Programmieren mit APT

der Bearbeitung aufgrund der Abweichung der tatsächlichen Bahngeschwindigkeit des Werkzeuges von der vom Programmierer vorgegebenen Bahngeschwindigkeit. Dies hat teure Nacharbeit, zeitraubende Kontrollen der gefertigten Teile und ungünstige Schnittbedingungen für das Werkzeug zur Folge.

Aus amerikanischer Literatur [7, 8] ist bekannt, daß Abweichungsprobleme untersucht wurden. Die Ergebnisse sind jedoch nur spärlich veröffentlicht und hauptsächlich firmenintern bekannt, während europäische Veröffentlichungen [17] nur die aus [7, 8] bekannten Sachverhalte wiedergeben.

Der zunehmende Einsatz numerisch gesteuerter Mehrachsenmaschinen - auch in Deutschland - zwingt, diese Abweichungen umfassend zu untersuchen. Dies erfordert zunächst eine Analyse der Abweichungen als Funktion ihrer Parameter und der Kontrollmethoden im Postprocessor - der sogenannten Linearisierungsverfahren. Das Ziel ist, ein Verfahren zu entwickeln, welches die geometrischen Daten der Fräserbahn durch den Postprocessor möglichst gut an die geforderte Fräserbahn bei bestimmter Fertigungstoleranz, Interpolationsart der Steuerung und Kinematik der Maschine anpaßt und kontrolliert.

Diese Untersuchungen haben auch neuere Entwicklungen im Steuerungsbereich, wie z. B. den Einsatz von Prozeßrechnern zur numerischen Steuerung von Werkzeugmaschinen, zu berücksichtigen. Hierbei ist besonders zu untersuchen, ob aufgrund einer Verlagerung der Aufgaben innerhalb des Informationsflusses nicht nahezu abweichungsfreie Fräserbewegungen möglich sind.

2. Spezielle Bauformen von Mehrachsenfräsmaschinen

Im folgenden wird der Begriff Mehrachsenfräsmaschine erläutert und auf die Bauformen der untersuchten Mehrachsenfräsmaschinen besonders eingegangen.

2.1. Kinematik und Werkzeuglage an Mehrachsenfräsmaschinen

Unter einer Mehrachsenfräsmaschine ist eine Maschine zu verstehen, deren konstruktive Ausbildung es erlaubt, eine in ihrem Arbeitsbereich liegende Fräserposition - gegeben durch einen Punkt und einen Einheitsvektor - anzufahren. Gemäß dieser Definition, die mit dem Sprachgebrauch übereinstimmt, erfordert eine Mehrachsenmaschine zumindest 4 Achsen und darunter mindestens eine rotatorische Achse.

Die Spitze des Fräswerkzeuges soll mit dem gegebenen Punkt und seine Achse mit der gegebenen Richtung des Einheitsvektors zusammenfallen. Die Fräserpositionierung wird verwirklicht durch translatorische und rotatorische Bewegungen in den Maschinenachsen. Bearbeitungsverfahren und zu fertigendes Teilespektrum bestimmen hierfür geeignete Maschinenkonstruktionen, d. h. Achskombinationen [6] .

2.2. Bauformen der untersuchten Mehrachsenfräsmaschinen

Das Bild 2/1 zeigt die den folgenden Untersuchungen zugrunde liegenden Maschinenkonstruktionen. Die Achs- und Bewegungsrichtungen sind nach [20] bezeichnet. Gemäß dieser Richtlinie liegt der Achs- und Bewegungsrichtungsbezeichnung ein kartesisches Koordinatensystem zugrunde. Kennzeichen der werkstücktragenden Achse gegenüber der werkzeugtragenden Achse sind ein Beistrich und die Umkehrung des Vorzeichens. Die Maschine in Bild 2/1a besitzt drei translatorische Achsen (X', Y, Z)

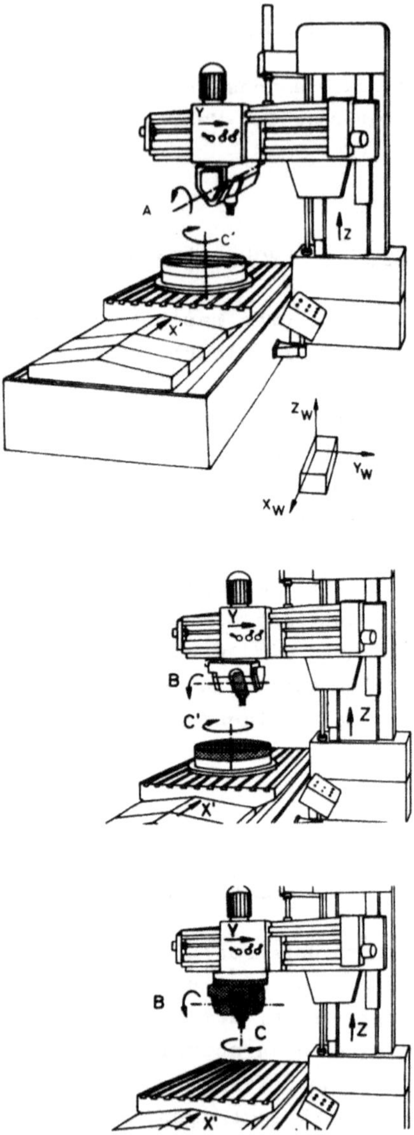

a) Bauform 1
Achsanordnung X',Y,Z,A,C'

b) Bauform 2
Achsanordnung X',Y,Z,B,C'

c) Bauform 3
Achsanordnung X',Y,Z,B,C

Bild 2/1: Vergleich der Maschinenbauformen 1, 2 und 3

und zwei rotatorische Achsen (Schwenkkopf A und Drehtisch C'); sie wird im folgenden mit Bauform 1 bezeichnet. Die Schwenkebene des Fräsers ist parallel zur Y-Z-Ebene.

Das Drehen der Schwenkkopfaufhängung um 90° führt zu einer Schwenkebene des Fräsers parallel zur X-Z-Ebene; dies ergibt die Bauform 2 mit der Achsbezeichnung X', Y, Z, B und C' (Bild 2/1b). Die Maschine in Bild 2/1c stellt Bauform 3 dar; die Funktion des Drehtisches übernimmt hier ebenfalls der Schwenkkopf. Er ist um 360° drehbar - Drehachse parallel Z - wie bei den Bauformen 1 und 2 und ist schwenkbar. Der Schwenkwinkel des Werkzeuges beträgt bei allen Bauformen ±110°.

Die zu den rotatorischen Achsen A, B, C (C') gehörenden Dreh- bzw. Schwenkwinkel sind im folgenden mit α_M, β_M, und γ_M bezeichnet.

3. Kinematische Abweichungen von einem "Cut-Vector"

Die in einem APT-Teileprogramm beschriebene Bahn und Achslage des Fräsers wird bei der Verarbeitung in der DVA in Punkte - im weiteren auch als APT-Punkte aufgeführt - und in Einheitsvektoren aufgelöst. Die geradlinige Verbindung zweier aufeinander folgender Punkte wird als "Cut-Vector" bezeichnet (Bild 3/3). Aufgrund der linearen bzw. parabolischen Interpolation der numerischen Steuerungen - im weiteren wird nur noch der Begriff Steuerung verwendet - und der für die Verwirklichung der Fräserpositionen im W-System notwendigen Simultanbewegung aller Maschinenachsen im M-System, ergeben sich kinematische Abweichungen der Sollfräserbahn (Folge von Cut-Vectoren) von der Istfräserbahn. Die Einflußgrößen (Interpolationsarten, Bauformen mit zugehörigen Transformationsgleichungen und Simultanbewegung) werden im folgenden erläutert und analysiert.

3.1. Die Simultanbewegung

Bei der Mehrachsenbearbeitung - d. h. wenn außer translatorischen auch rotatorische Bewegungen in den Achsrichtungen notwendig sind - gibt der Postprocessor (Bild 1/1) anstatt der programmierten Bahngeschwindigkeit u_{PROG} des Fräsers die Verfahrzeit t_{GES} für einen Cut-Vector der Steuerung vor (Kapitel 5.). Diese Zeitangabe benötigt die Steuerung einer Mehrachsenmaschine für die Interpolation (Kapitel 3.2.). Der Steuerung werden die geometrischen Daten als Maschinenkoordinatenwerte eingegeben. Zur Berechnung von t_{GES} ist jedoch die Cut-Vector-Länge maßgebend (Kapitel 5.1.).

In der Zeit t_{GES} laufen alle Bewegungen in den einzelnen Maschinenachsen ab, wobei die Bewegungen gleichzeitig beginnen und enden. Bei Maschinen mit nur translatorischen Achsen besteht ein einfacher Zusammenhang zwischen den Geschwindigkeiten in den Maschinenachsen und der Geschwindigkeit der Fräserspitze bezüglich des Werkstücks, d. h. der Vorschubgeschwindigkeit.

Bei Mehrachsenfräsmaschinen besteht dieser Zusammenhang nicht; deshalb wird im folgenden die Geschwindigkeit der Fräserspitze relativ zum Werkstück als Bahngeschwindigkeit bezeichnet, die Geschwindigkeiten in den einzelnen Maschinenachsen als Vorschubgeschwindigkeiten.

Die aus der Simultanbewegung der Achsen resultierenden Abweichungen vom Cut-Vector sind unabhängig von der Verfahrzeit t_{GES} für einen Cut-Vector; deswegen werden alle Darstellungen, in denen die Zeit t die unabhängige Variable ist, auf die Gesamtverfahrzeit t_{GES} bezogen:

$$t_N = \frac{t\ [s]}{t_{GES}\ [s]} \qquad (3\text{-}1)$$

Dieses Größenverhältnis wird als "bezogene" Bewegungszeit t_N, gelegentlich auch noch als "normierte" Bewegungszeit, bezeichnet [24].

Da $0 \leq t \leq t_{GES}$, folgt $0 \leq t_N \leq 1$.

Für den Anfangspunkt des Cut-Vectors gilt somit $t_N = 0$. Für seinen Endpunkt gilt $t_N = 1$.

3.2. Interpolation bei Mehrachsenfräsmaschinen

Bei Maschinen mit nur 3 translatorischen Achsen werden bei linearer Interpolation Punkte am Werkstück durch Geradenstücke verbunden und Zwischenpunkte auf dieser Geraden als Sollwerte vorgegeben. Bei zirkularer Interpolation ergeben sich in Ebenen, die parallel zu den Hauptebenen XY, YZ, ZX liegen, Kreise am Werkstück. Bei parabolischer Interpolation werden Parabeln in beliebigen Raumebenen durch Werkstückpunkte gelegt [14, 16]. Der Interpolator arbeitet dabei in den Koordinatenhauptebenen.

Bei Mehrachsenmaschinen mit der Möglichkeit alle Achsen simultan zu bewegen, bezieht sich die Interpolationsart stets auf den Bewegungsablauf in den einzelnen Achsen. Die vorhandene Steuerung für die untersuchten Mehrachsenfräsmaschinen ist mit linearem und parabolischem Interpolator ausgerüstet. Sie interpoliert die Maschinenkoordinatenwerte über der Zeit gleichzeitig und unabhängig voneinander, d. h. zwischen der Anfangs- und Endlage getrennt für jede Maschinenachse. Aus der Interpolationsart kann nicht mehr auf die resultierende Fräserbewegung und die Bahn am Werkstück geschlossen werden. Die folgende, kurze Betrachtung der Interpolationsarten zeigt die Bewegungsgesetze.

3.2.1. Lineare Interpolation

Die Bewegung in einer Achse erfolgt nach den Gleichungen:

$$\begin{aligned} X_M(t) &= G_0 + G_1 t \\ \dot{X}_M(t) &= G_1 \end{aligned} \qquad (3\text{-}2)$$

Dabei ist die Zeit t die unabhängige Variable und G_0 der Anfangswert, während G_1 die Geschwindigkeit bestimmt. Entsprechendes gilt für die anderen Maschinenkoordinaten Y_M, Z_M, α_M (β_M) und γ_M. Die Verfahrgeschwindigkeit in jeder Maschinenachse ist während eines Bewegungsvorganges konstant, jedoch nicht gleich groß in den einzelnen Achsen.

3.2.2. Parabolische Interpolation

Die Achsbewegung ergibt sich nach:

$$\begin{aligned} X_M(t) &= A'_0 + A'_1 t + A'_2 t^2 \\ \dot{X}_M(t) &= A'_1 + 2A'_2 t \\ \ddot{X}_M(t) &= 2A'_2 \end{aligned} \qquad (3\text{-}3)$$

Auch hier ist die Zeit t die unabhängige Variable. A_2 ist der für die Beschleunigung bzw. Verzögerung maßgebende Koeffizient. Die Beschleunigungen und Verzögerungen sind in den einzelnen Maschinenachsen konstant, jedoch unterschiedlich groß in den einzelnen Achsen. Entsprechendes gilt für die anderen Maschinenkoordinaten Y_M, Z_M, α_M (β_M) und γ_M.

3.2.3. Zirkulare Interpolation

Der Zirkularinterpolator ist zur Steuerung von rotatorischen Achsen nicht zweckmäßig. Ein Kreis aufgrund der zirkularen Interpolation entsteht nur dann, wenn 2 translatorische Achsen gesteuert werden, welche senkrecht zueinander stehen (d. h. mit einer Hauptebene gekoppelt sind). Die weiteren Betrachtungen klammern daher diese Interpolationsart aus.

3.3. Transformationsgleichungen

Die Transformationsgleichungen geben den Zusammenhang zwischen Werkstückkoordinatensystem (W-System) und Maschinenkoordinatensystem (M-System) an. Die vorhandene Steuerung erfordert als Eingabe die geometrischen Daten im M-System. Die Daten aus APT liegen im W-System vor.

Zur leichteren Darstellung der Transformationsgleichungen wurde bei den Bauformen 1 und 2, im Gegensatz zu [20], das M-System parallel zum rechtsdrehenden W-System angenommen, d. h. $X_M \triangleq -X'$ und $\gamma_M \triangleq -C'$. Die Anpassung an [20] wird erst im Postprocessor vorgenommen und hat keinen Einfluß auf die Ergebnisse.

Die Aufspannung des Werkstückes auf die Maschine erfolgt so, daß die beiden Koordinatensysteme achsparallel zueinander liegen. X_{TO}, Y_{TO} und Z_{TO} geben bei der Aufspannung des Werkstücks die Lage des W-Systems im M-System an. Bei der Herleitung der Transformationsgleichungen für die Bauformen 1 und 2 ist es zweckmäßig, den Nullpunkt der translatorischen Achsen in den

Drehtischmittelpunkt zu legen. Die in Gl. 3-4 bis 3-7 angegebenen Größen X_{TO}, Y_{TO}, Z_{TO} werden dadurch Null. Das Meßsystem für die Schwenkkopfachse soll auf Null abgeglichen sein, wenn der Schwenkkopf senkrecht zum Drehtisch steht. Der Abstand von der Fräserspitze zur Schwenkachse des Werkzeuges wird im folgenden mit Schwenkradius des Werkzeuges r_{WZ} bezeichnet. Als Fräserspitze wird der Durchstoßpunkt der Fräserachse durch die Stirnfläche des Fräsers definiert. Der Drehtisch befinde sich auf Nullposition, wenn die X-Achse des W-Systems parallel zur X-Achse des M-Systems liegt.

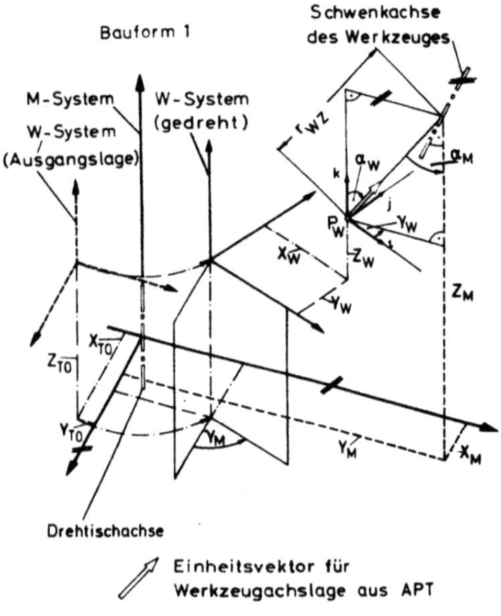

Bild 3/1: Lage der Koordinatensysteme bei Bauform 1

Es ergeben sich bei Bauform 1 (Bild 3/1) die Maschinenkoordinaten:

$$X_M = (X_{TO} + X_W)\cos\gamma_M - (Y_{TO} + Y_W)\sin\gamma_M \qquad (3\text{-}4)$$

$$Y_M = (X_{TO} + X_W)\sin\gamma_M + (Y_{TO} + Y_W)\cos\gamma_M - r_{WZ}\sin\alpha_M$$

$$Z_M = Z_{TO} + Z_W + r_{WZ}\cos\alpha_M \qquad (3\text{-}4)$$

Die inversen Transformationsgleichungen für die Werkstückkoordinaten lauten:

$$X_W = - X_{TO} + X_M\cos\gamma_M + (Y_M + r_{WZ}\sin\alpha_M)\sin\gamma_M$$

$$Y_W = - Y_{TO} - X_M\sin\gamma_M + (Y_M + r_{WZ}\sin\alpha_M)\cos\gamma_M \qquad (3\text{-}5)$$

$$Z_W = - Z_{TO} + Z_M - r_{WZ}\cos\alpha_M$$

Für die Bauform 2 ergeben sich die Maschinenkoordinaten:

$$X_M = (X_{TO} + X_W)\cos\gamma_M - (Y_{TO} + Y_W)\sin\gamma_M + r_{WZ}\sin\beta_M$$

$$Y_M = (X_{TO} + X_W)\sin\gamma_M + (Y_{TO} + Y_W)\cos\gamma_M \qquad (3\text{-}6)$$

$$Z_M = Z_{TO} + Z_W + r_{WZ}\cos\beta_M$$

Die inversen Transformationsgleichungen für die Werkstückkoordinaten sind:

$$X_W = - X_{TO} + Y_M\sin\gamma_M + (X_M - r_{WZ}\sin\beta_M)\cos\gamma_M$$

$$Y_W = - Y_{TO} + Y_M\cos\gamma_M - (X_M - r_{WZ}\sin\beta_M)\sin\gamma_M \qquad (3\text{-}7)$$

$$Z_W = - Z_{TO} + Z_M - r_{WZ}\cos\beta_M$$

Bei Bauform 3 wird der Nullpunkt von W-System und M-System sinnvollerweise ineinander gelegt (Bild 3/2). Dann ergeben sich folgende Zusammenhänge für die Maschinenkoordinaten der Bauform 3:

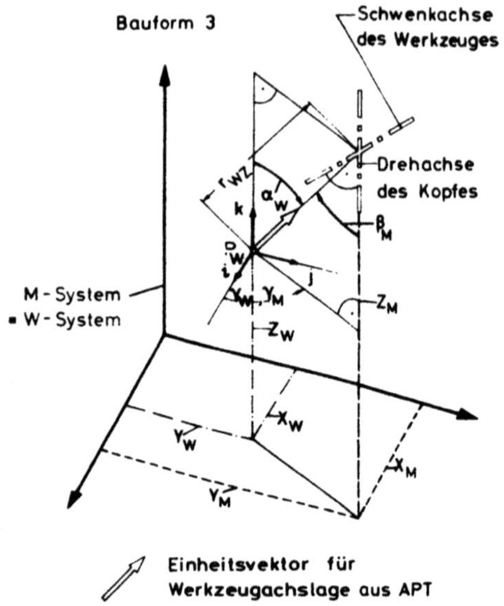

Bild 3/2: Lage der Koordinatensysteme bei Bauform 3

$$X_M = X_W - r_{WZ}\sin\beta_M\cos\gamma_M$$
$$Y_M = Y_W - r_{WZ}\sin\beta_M\sin\gamma_M \qquad (3-8)$$
$$Z_M = Z_W + r_{WZ}\cos\beta_M$$

Die Werkstückkoordinaten folgen aus den inversen Transformationsgleichungen:

$$X_W = X_M + r_{WZ}\sin\beta_M\cos\gamma_M$$
$$Y_W = Y_M + r_{WZ}\sin\beta_M\sin\gamma_M \qquad (3-9)$$
$$Z_W = Z_M - r_{WZ}\cos\beta_M$$

Diese Beziehungen sind u. a. Grundlage für die Berechnung der Abweichungen.

3.4. Abweichungen von der Sollfräserbahn bei Mehrachsenfräsmaschinen

Bei Mehrachsenfräsmaschinen weicht die tatsächliche Bahn eines Werkzeuges von der gewünschten Bahn ab [5]; diese Tatsache soll zunächst anhand von Bild 3/3 erläutert werden.

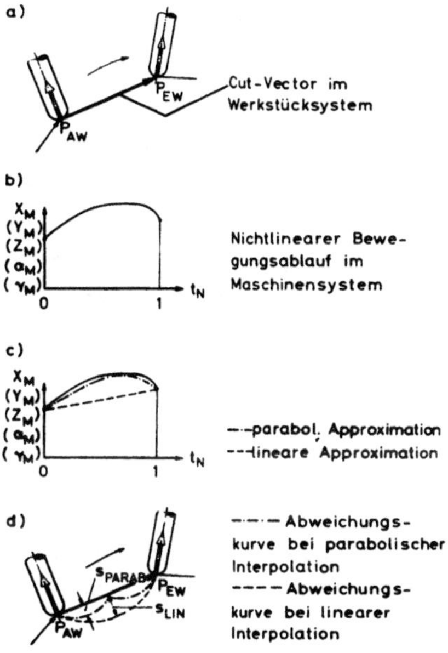

Bild 3/3: Entstehung der Spitzenabweichung von einem Cut-Vector

Dazu betrachtet man die Bewegung der Fräserspitze im W-System, wobei von der Annahme ausgegangen wird, daß eine Bahn, auf der die Punkte P_{AW} und P_{EW} liegen, mit konstanter Bahngeschwindigkeit durchlaufen werden soll. In Bild 3/3a sei P_{AW} mit P_{EW} geradlinig verbunden, was einem Cut-Vector aus APT entspricht.

Rechnet man die Bahnpunkte zwischen P_{AW} und P_{EW} vom W-System in das M-System um, so ergibt sich bei Simultanbewegung aller Achsen für jede einzelne Achse (Bild 3/3b) ein nichtlinearer Bewegungsablauf. Dies bedeutet, daß man eine Steuerung haben müßte, die diesen Bewegungsablauf in allen 5 Achsen interpoliert, um die Bahn zwischen P_{AW} und P_{EW} exakt zu durchlaufen (Kapitel 7.).

Die lineare bzw. parabolische Annäherung dieser nichtlinearen Bewegungsabläufe durch die Interpolatoren einer Steuerung zeigt Bild 3/3c. Durch Rückrechnung dieser verwirklichten Bewegungsabläufe vom M-System in das W-System entstehen die in Bild 3/3d gezeigten tatsächlichen Werkzeugbahnen und die Abweichungen von der Sollfräserbahn.

In den Kapiteln 3.4.2. bis 3.4.4. wird die Berechnung der Abweichungen erläutert. Dabei ist zu unterscheiden zwischen der Spitzen- und der Winkelabweichung. Die Spitzenabweichung s ist das Maß für die Abweichung der Fräserspitze vom Cut-Vector, die Winkelabweichung φ ist das Maß für die Abweichung der Werkzeugachse von der von APT vorgegebenen Achslage. Zusammen mit dem Fräserdurchmesser ergibt sie eine zusätzliche Abweichung w. Die Gesamtabweichung g bildet sich aus der Summe von w + s.

Bild 3/4 zeigt den Informationsfluss für die Berechnung dieser Abweichungen von einem Cut-Vector. Es stellt die Verknüpfung der einzelnen Berechnungsschritte aus Kapitel 3. dar.

3.4.1. Die Zweideutigkeit der Werkzeugachslage

Die Ausgangsdaten für die Berechnung der Abweichungen ergeben sich aus einem Cut-Vector, d. h. dessen Anfangspunkt P_{AW} (X_{AW}, Y_{AW}, Z_{AW}), dessen Endpunkt P_{EW}' (X_{EW}, Y_{EW}, Z_{EW}) sowie aus jeweils einem zu diesen Punkten gehörenden Einheitsvektor $\overrightarrow{V_{AW}}$ (i_{AW}, j_{AW}, k_{AW}) und $\overrightarrow{V_{EW}}$ (i_{EW}, j_{EW}, k_{EW}).

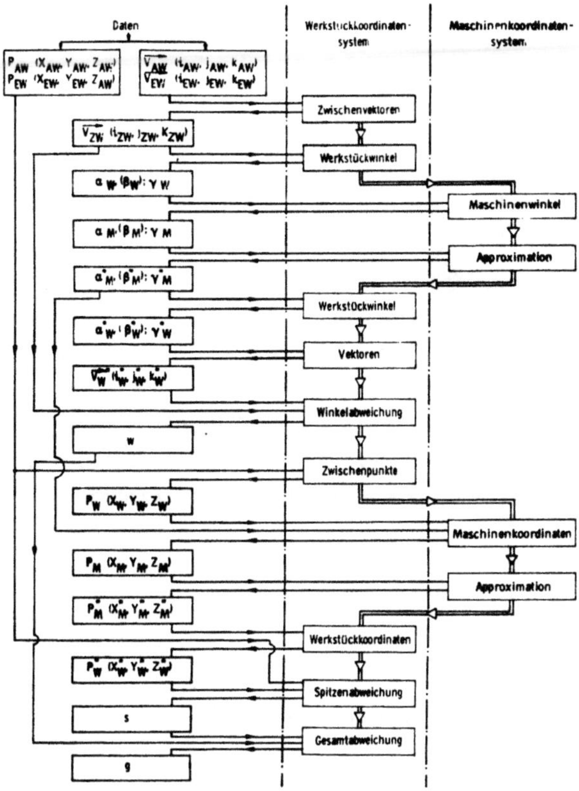

Bild 3/4: Informationsfluß bei der Berechnung der Gesamtabweichung von einem Cut-Vector

P_{AW} und P_{EW} bestimmen die Lage der Fräserspitze, $\overrightarrow{V_{AW}}$ bzw. $\overrightarrow{V_{EW}}$ die Richtung der Fräserachse im W-System (Bild 3/5). Aus diesen Vektoren werden zunächst die Anfangs- und Endwinkel im W-System errechnet.

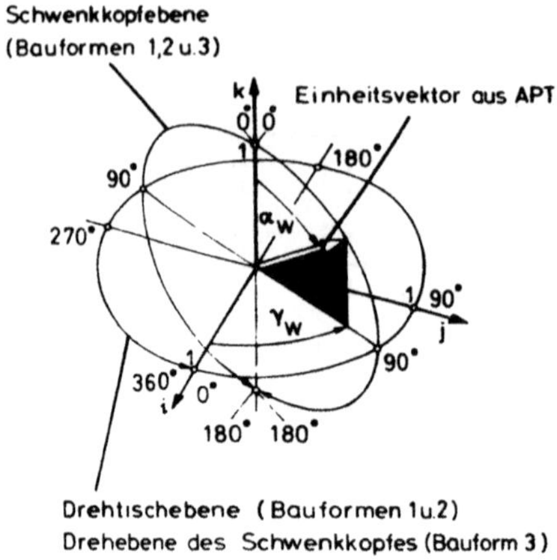

Bild 3/5: Bestimmung der Werkstückwinkel aus dem APT-Einheitsvektor

Allgemein gilt für einen Achsvektor $\vec{V_W}$:

$$\alpha_W = \cos k_W$$

$$\gamma_W = \left(\arc \cos \frac{i_W}{\sqrt{1 - k_W{}^2}}\right)\frac{180^o}{\pi} \qquad \text{für } j_W \geqq 0 \qquad (3\text{-}10)$$

$$\gamma_W = \left(2\pi - \arc \cos \frac{i_W}{\sqrt{1 - k_W{}^2}}\right)\frac{180^o}{\pi} \qquad \text{für } j_W < 0$$

Für die Transformationsgleichungen muß nun der Zusammenhang zwischen Maschinen- und Werkstückwinkel ermittelt werden. Aufgrund der Maschinenbauformen ergeben sich zu einem Vektor $\vec{V_W}$ im W-System zwei mögliche Werkzeugachslagen im M-System (Bild 3/6).

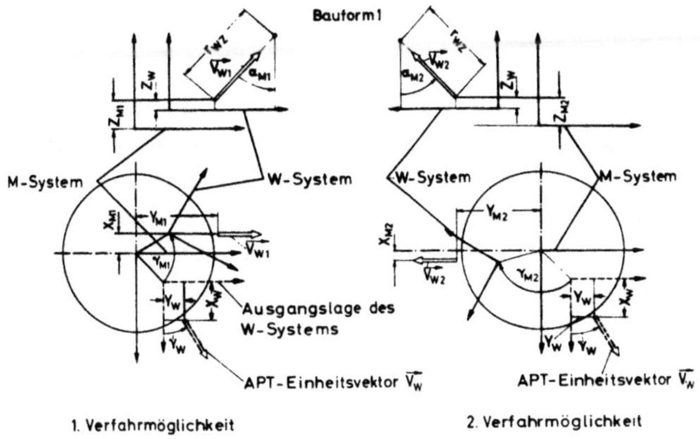

Bild 3/6: Zweideutigkeit der Werkzeugachslage

Die beiden Möglichkeiten werden im folgenden mit 1. und 2. Wertepaar bezeichnet. Ausgehend von einer Anfangslage α_{M0} (β_{M0}), γ_{M0} der rotatorischen Achsen (in Bild 3/6: $\alpha_{M0} = 0$; $\gamma_{M0} = 0$), ergeben sich 2 Winkelpaare α_{M1} (β_{M1}), γ_{M1} und α_{M2} (β_{M2}), γ_{M2}, um den Schwenkkopf und den Drehtisch in die jeweilige Fräsposition der Maschine zu bringen.

Die Winkelkombination mit den kleineren Verfahrinkrementen wird zum 1. Wertepaar, die andere zum 2. Wertepaar. Für die Auswahl des geeigneten Wertepaares sind verschiedene Kriterien maßgebend:

3.4.1.1. Trägheitsmomente bezogen auf die rotatorischen Achsen

Bei den Bauformen 1 und 2 trägt der Drehtisch das Werkstück und hat ein größeres Massenträgheitsmoment als der Schwenkkopf (jeweils auf die rotatorischen Achsen bezogen). Maschinendynamisch ist es sinnvoll, das Wertepaar zu wählen, welches bei den rotatorischen Achsen das kleinere Verfahrinkrement am Drehtisch ergibt.

3.4.1.2. Durchbiegung des Ständers und des Auslegers

Da die beiden Wertepaare unterschiedliche Verfahrinkremente in den einzelnen Achsen ergeben, können sich Arbeitspunkte mit kleinem Y_M-Wert, d. h. weit weg vom Maschinenständer ergeben, und damit eine starke Durchbiegung des Auslegers und des Ständers hervorrufen. Dies ist besonders bei den Bauformen 1 und 3 möglich. Es könnte also das Wertepaar bevorzugt werden, welches in der Y_M-Achse Arbeitspunkte liefert, die näher am Ständer liegen.

3.4.1.3. Kollisionsbetrachtung

Bei Positionierbewegungen für Bohrbearbeitungen, wo Spitzen- und Winkelabweichungen i. a. nicht interessieren, da keine Fräserbahnen vorliegen, wären mögliche Kollisionen ein Auswahlkriterium für das richtige Wertepaar. Da aber bis jetzt die APT-Daten zur Kollisionsberechnung im Postprocessor ungeeignet sind, entfällt dieses Kriterium.

3.4.1.4. Die Optimierung der Verfahrzeit

Die Zeit t_{GES} für die Simultanbewegung in den einzelnen Achsen und die Verfahrinkremente im M-System ergeben die Geschwindigkeiten in den Maschinenachsen. Aus den beiden Wertepaaren resultieren jeweils andere Verfahrinkremente im M-System. Es ist daher möglich, daß bei einem oder beiden Wertepaaren die Vorschubgeschwindigkeiten in den Maschinenachsen die zulässsigen Werte überschreiten (Kapitel 5.). Die Zeit t_{GES} ist dann solange zu erhöhen, bis die Vorschubgeschwindigkeiten in zulässigen Bereichen bleiben. Das Wertepaar, bei welchem dies zuerst erreicht wird, ist geeigneter.

3.4.1.5. Die minimale Abweichung vom Cut-Vector

Für jedes Wertepaar ergeben sich andere Spitzen- und Winkelabweichungen. Das Wertepaar mit den kleineren Verfahrinkrementen in den rotatorischen Achsen ergibt auch wesentlich geringere Spitzen- und Winkelabweichungen.

Den folgenden Berechnungen lag das Wertepaar zugrunde, welches nicht das größte Winkelverfahrinkrement enthält. Vergleichende Berechnungen ergaben nämlich, daß neben den kleineren Abweichungen auch die kürzere Verfahrzeit t_{GES} stets zum 1. Wertepaar gehört. Im einzelnen bestehen folgende Zusammenhänge:

Für Bauform 1:

$$\left.\begin{aligned} \alpha_{M1} &= -\alpha_W \\ \gamma_{M1} &= 90^\circ - \gamma_W \end{aligned}\right\} \text{1. Wertepaar}$$

und (3-11)

$$\left.\begin{aligned} \alpha_{M2} &= \alpha_W \\ \gamma_{M2} &= 270^\circ - \gamma_W \end{aligned}\right\} \text{2. Wertepaar}$$

Für Bauform 2:

$$\left.\begin{aligned} \beta_{M1} &= \alpha_W \\ \gamma_{M1} &= 360^\circ - \gamma_W \end{aligned}\right\} \text{1. Wertepaar}$$

und (3-12)

$$\left.\begin{aligned} \beta_{M2} &= -\alpha_W \\ \gamma_{M2} &= 180^\circ - \gamma_W \end{aligned}\right\} \text{2. Wertepaar}$$

Für Bauform 3:

$$\left.\begin{aligned} \beta_{M1} &= \alpha_W \\ \gamma_{M1} &= \gamma_W \end{aligned}\right\} \text{ 1. Wertepaar}$$

und (3-13)

$$\left.\begin{aligned} \beta_{M2} &= -\alpha_W \\ \gamma_{M2} &= 180^\circ + \gamma_W \end{aligned}\right\} \text{ 2. Wertepaar}$$

3.4.2. Die Winkel- bzw. Achsabweichung

Eine Fräserbahn wird von APT in Cut-Vectoren zerlegt. Der Gesamtwinkel zwischen der Werkzeuganfangs- und Werkzeugendlage wird ebenfalls auf die einzelnen Cut-Vectoren aufgeteilt und als Vektoren ausgegeben. Diese Unterteilung erfolgt nach folgendem Verfahren (Bild 3/7) [7, 8, 17]:

Es wird davon ausgegangen, daß der Anfangsvektor $\overrightarrow{V_{AW}}$ und der Endvektor $\overrightarrow{V_{EW}}$ eine Ebene in einer Einheitskugel aufspannen, in der die Zwischen-Vektoren $\overrightarrow{V_{ZW}}(t)$ auf einem Großkreis liegen. Sie teilen den zwischen $\overrightarrow{V_{AW}}$ und $\overrightarrow{V_{EW}}$ liegenden Winkel Θ linear. Der jeweilige Zwischenvektor $\overrightarrow{V_{ZW}}(t)$ ist als Vektoraddition von $\overrightarrow{V_1}(t)$ und $\overrightarrow{V_2}(t)$ darstellbar. $\overrightarrow{V_1}(t)$ ist parallel zu $\overrightarrow{V_{AW}}$ und $\overrightarrow{V_2}(t)$ ist parallel zu $\overrightarrow{V_{EW}}$.

Für die Berechnung gilt:

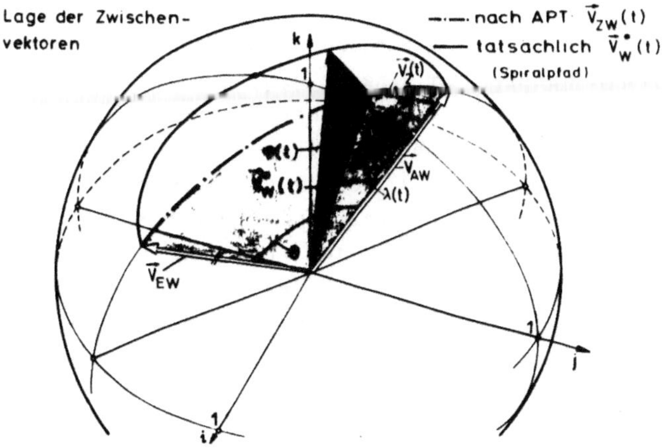

Bild 3/7: Winkelabweichung φ(t) an der Einheitskugel

$$\Theta = \frac{180^\circ}{\pi} \arccos(i_{AW} i_{EW} + j_{AW} j_{EW} + k_{AW} k_{EW})$$

und

$$\lambda(t) = \frac{t}{t_{GES}} \Theta$$

Weiter gilt: (3-14)

$$\vec{V}_1(t) = \vec{V}_{AW} \frac{\sin(\Theta - \lambda(t))}{\sin\Theta}$$

$$\vec{V}_2(t) = \vec{V}_{EW} \frac{\sin\lambda(t)}{\sin\Theta}$$

$$\vec{V}_{ZW}(t) = \vec{V}_1(t) + \vec{V}_2(t)$$

In Wirklichkeit erlaubt die Steuerung auch bei den rotatorischen Maschinenachsen nur lineare bzw. parabolische Interpolation, d. h. die erreichbare Werkzeugachslage stimmt nicht exakt mit der Lage überein, die man nach dem genannten Verfahren berechnet (Bild 3/7). Die Resultierende aus der Addition der Winkelgeschwindigkeiten der rotatorischen Achsen beschreibt eine andere Bahn, den in [7, 8, 17] genannten Spiralpfad. Er weicht vom Bogen des Großkreises auf der Einheitskugel ab, der vom Anfangs- und Endvektor aufgespannt wird. Es ist also in jeder Bewegungsphase ein Differenzwinkel $\varphi(t)$ der von APT berechneten und der an der Maschine realisierbaren Werkzeugachslage vorhanden - die hier sogenannte Achs- bzw. Winkelabweichung.

Da die maximale Spitzen- und die maximale Winkelabweichung nicht in expliziter Form angeschrieben werden können (siehe Gl. 3-25 und Gl. 3-27), wurden im nachfolgend beschriebenen Rechenablauf jeweils diskrete Werte t_N mit der Schrittweite $\Delta t_N = 0{,}1$ errechnet.

Für die Bestimmung der Winkelabweichungen längs eines Cutvectors sind zunächst Zwischenvektoren $\overline{V_{ZW}}(t)$ und deren Komponenten ($i_{ZW}(t)$, $j_{ZW}(t)$, $k_{ZW}(t)$) nach Gl. 3-14 zu berechnen - damit wird das gleiche Verfahren wie bei APT angewendet. Bei der folgenden Beschreibung des Rechenverfahrens wurde die Bauform 1 zugrunde gelegt; die Berechnung für die Bauformen 2 und 3 erfolgt entsprechend.

Alle Zwischenvektoren werden nach Gl. 3-10 in Winkel im W-System und durch Umrechnung mit Gl. 3-11 in Winkel im M-System umgewandelt. Das W-System ist ein Hilfssystem, in dem zwei Winkel eindeutig einen Vektor beschreiben. Die Zweideutigkeit ist erst bei der Transformation in das M-System zu beachten.

3.4.2.1. Winkelabweichung bei linearer Interpolation

Für die Berechnung der Winkelabweichung bei linearer Interpolation wird zunächst die lineare Interpolation der Steuerung simuliert, bzw. linear interpolierte Achslagen zwischen Anfangs- und Endwert der rotatorischen Achsen nach den folgenden Formeln berechnet.

$$\alpha^*_M(t) = \alpha_{AM} + \frac{t}{t_{GES}}(\alpha_{EM} - \alpha_{AM})$$

$$\gamma^*_M(t) = \gamma_{AM} + \frac{t}{t_{GES}}(\gamma_{EM} - \gamma_{AM}) \qquad (3\text{-}15)$$

Alle mit * gekennzeichneten Variablen enthalten Werte die durch Simulation der Interpolation der Steuerung entstanden sind. Die Rückrechnung in das W-System erfolgt nach Gl. 3-11. Daraus ergeben sich die Vektorkomponenten:

$$i^*_W(t) = |\sin\alpha^*_W(t)| \cos\gamma^*_W(t)$$

$$j^*_W(t) = |\sin\alpha^*_W(t)| \sin\gamma^*_W(t) \qquad (3\text{-}16)$$

$$k^*_W(t) = \cos\alpha^*_W(t)$$

Die Winkelabweichung beträgt dann: (3-17)

$$\varphi(t) = \frac{180^\circ}{\pi} \operatorname{arc\,cos}(i_{ZW}(t)i^*_W(t) + j_{ZW}(t)j^*_W(t) + k_{ZW}(t)k^*_W(t))$$

Die Winkelabweichung wird zur Berechnung der Gesamtabweichung in Kapitel 3.4.4. benötigt.

3.4.2.2. Winkelabweichung bei parabolischer Interpolation

Um die parabolische Interpolation der Steuerung in den rotatorischen Achsen zu simulieren, werden die nach Gl. 3-11 umgewandelten Winkel im M-System durch Parabeln zweiten Grades angenähert.

Die Approximation erfolgt nach dem Prinzip des Minimums der Abstandsquadrate einer Ausgleichskurve [22] , mit der Einschränkung, daß der Abstand von Anfangs- und Endpunkt der Bewegungen in den Maschinenachsen die Toleranz von 0,005 mm (wegen der Eingabefeinheit der Steuerung) nicht überschreiten darf.

Es ergeben sich aus dieser Approximation die Koeffizienten für die Gleichungen:

$$\begin{aligned} \alpha_M^*(t) &= D_o + D_1 t + D_2 t^2 \\ \gamma_M^*(t) &= E_o + E_1 t + E_2 t^2 \end{aligned} \qquad (3\text{-}18)$$

Nach diesen Gleichungen werden $\alpha_M^*(t)$ und $\gamma_M^*(t)$ berechnet und nach Gl. 3-11 wieder ins W-System zurückgerechnet. Die zugehörigen Vektoren im W-System und die Winkelabweichungen ergeben sich wie bei der Linearinterpolation mit Gl. 3-16 und Gl. 3-17 (vgl. Kapitel 3.4.4.).

3.4.3. Die Spitzenabweichung

Zur Berechnung der Spitzenabweichung sind zunächst auf dem Cut-Vector $\overline{P_{AW}P_{EW}}$ Zwischenpunkte zu bilden. Sie ergeben sich aus:

$$X_W(t) = X_{AW} + \frac{t}{t_{GES}}(X_{EW} - X_{AW})$$

$$Y_W(t) = Y_{AW} + \frac{t}{t_{GES}}(Y_{EW} - Y_{AW}) \qquad (3\text{-}19)$$

$$Z_W(t) = Z_{AW} + \frac{t}{t_{GES}}(Z_{EW} - Z_{AW})$$

Die Transformation der Punkte auf dem Cut-Vector in das M-System erfolgt durch Ersetzen der zeitunabhängigen Koordinatenwerte der Gl. 3-4 durch die zeitabhängigen Koordinatenwerte der Gl. 3-19 und 3-15 (bei parabolischer Interpolation Gl. 3-18):

$$X_M(t) = (X_{TO}+X_W(t))\cos\gamma_M^*(t)-(Y_{TO}+Y_W(t))\sin\gamma_M^*(t)$$

$$Y_M(t) = (X_{TO}+X_W(t))\sin\gamma_M^*(t)+(Y_{TO}+Y_W(t))\cos\gamma_M^*(t)-r_{WZ}\sin\alpha_M^*(t)$$

$$Z_M(t) = Z_{TO}+Z_W(t)+r_{WZ}\cos\alpha_M^*(t) \qquad (3\text{-}20)$$

Das Gleichungssystem 3-20 zeigt die nichtlineare Bewegung der einzelnen translatorischen Achsen im M-System.

3.4.3.1. Spitzenabweichung bei linearer Interpolation

Für die lineare Interpolation sind entsprechend (siehe Kapitel 3.4.2.1.) nur die Anfangs- und Endpunkte im M-System notwendig. Zur Simulation der Linearinterpolation für die translatorischen Achsen ergeben sich die Zwischenpunkte aus:

$$X_M^*(t) = X_{AM} + \frac{t}{t_{GES}}(X_{EM} - X_{AM}) \qquad (3\text{-}21)$$

$$\overset{*}{Y}_M(t) = Y_{AM} + \frac{t}{t_{GES}}(Y_{EM} - Y_{AM})$$
$$\overset{*}{Z}_M(t) = Z_{AM} + \frac{t}{t_{GES}}(Z_{EM} - Z_{AM}) \qquad (3\text{-}21)$$

Die Rücktransformation erfolgt durch Ersetzen der zeitunabhängigen Koordinatenwerte der Gl. 3-5 durch die zeitabhängigen Koordinatenwerte der Gl. 3-21 und Gl. 3-15:

$$\overset{*}{X}_W(t) = -X_{TO}+\overset{*}{X}_M(t)\cos\overset{*}{\gamma}_M(t)+(\overset{*}{Y}_M(t)+r_{WZ}\sin\overset{*}{\alpha}_M(t))\sin\overset{*}{\gamma}_M(t)$$
$$\overset{*}{Y}_W(t) = -Y_{TO}-\overset{*}{X}_M(t)\sin\overset{*}{\gamma}_M(t)+(\overset{*}{Y}_M(t)+r_{WZ}\sin\overset{*}{\alpha}_M(t))\cos\overset{*}{\gamma}_M(t)$$
$$\overset{*}{Z}_W(t) = -Z_{TO}+\overset{*}{Z}_M(t)-r_{WZ}\cos\overset{*}{\alpha}_M(t) \qquad (3\text{-}22)$$

Die weitere Berechnung der Spitzenabweichung wird in Kapitel 3.4.3.2. beschrieben, da sie unabhängig von der Interpolationsart ist.

3.4.3.2. Spitzenabweichung bei parabolischer Interpolation

Zur Simulation der parabolischen Interpolation sind entsprechend Kapitel 3.4.2.2. durch Einsetzen von Gl. 3-18 und Gl. 3-19 in Gl. 3-20 die berechneten Koordinaten im M-System durch Parabeln zweiten Grades anzunähern. Dies erfolgt nach den Gleichungen:

$$\overset{*}{X}_M(t) = A_o + A_1 t + A_2 t^2$$
$$\overset{*}{Y}_M(t) = B_o + B_1 t + B_2 t^2 \qquad (3\text{-}23)$$
$$\overset{*}{Z}_M(t) = C_o + C_1 t + C_2 t^2$$

Auch hier erfolgt die Rücktransformation der durch die Interpolation verwirklichten Maschinenkoordinaten durch Ersetzen der zeitunabhängigen Koordinatenwerte der Gl. 3-5 durch die zeitabhängigen Koordinatenwerte der Gl. 3-23 und Gl. 3-18.

Für die Berechnung der Spitzenabweichung gilt bei linearer und parabolischer Interpolation das gleiche Verfahren.

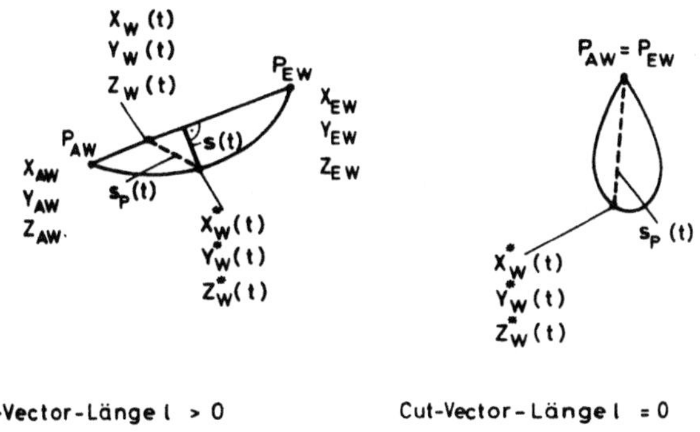

Bild 3/8: Maßgrößen für die Spitzenabweichung s

Für den Abstand s des Punktes $X_W^*(t)$, $Y_W^*(t)$, $Z_W^*(t)$ auf der Abweichungskurve vom Cut-Vector $\overline{P_{AW}P_{EW}}$ (Bild 3/8) gilt:

$$s(t) = \sqrt{\frac{(e_1(t))^2 + (e_2(t))^2 + (e_3(t))^2}{e_4}} \qquad (3\text{-}24)$$

wobei

$$e_1(t) = (X_W^*(t)-X_{AW})(Y_{EW}-Y_{AW})-(Y_W^*(t)-Y_{AW})(X_{EW}-X_{AW})$$

$$e_2(t) = (Y_W^*(t)-Y_{AW})(Z_{EW}-Z_{AW})-(Z_W^*(t)-Z_{AW})(Y_{EW}-Y_{AW})$$

$$e_3(t) = (Z_W^*(t)-Z_{AW})(X_{EW}-X_{AW})-(X_W^*(t)-X_{AW})(Z_{EW}-Z_{AW})$$

$$e_4 = (X_{EW}-X_{AW})^2 + (Y_{EW}-Y_{AW})^2 + (Z_{EW}-Z_{AW})^2$$

Für die maximale Spitzenabweichung gilt:

$$\frac{ds}{dt} = 0 \qquad (3\text{-}25)$$

Man findet sie angenähert, indem man den größten Abstand der Abweichungspunkte zum Cut-Vector sucht.

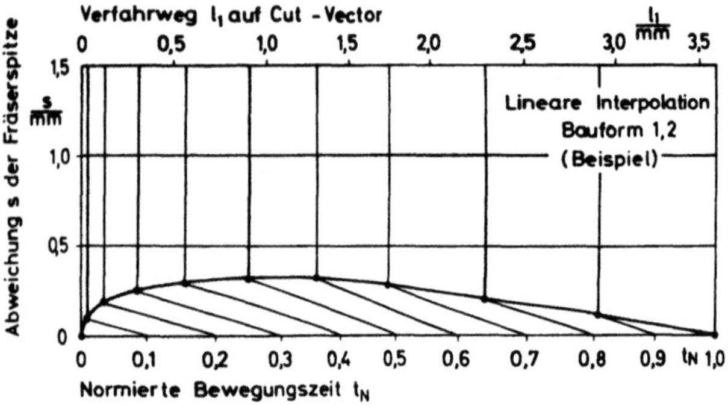

Bild 3/9: Spitzenabweichung bei linearer Interpolation

Bild 3/9 und Bild 3/10 zeigen an einem Beispiel den Verlauf der Spitzenabweichung jeweils für lineare und parabolische Interpolation. Diesem Beispiel liegen die sogenannten Stammdaten (Kapitel 4.1. und Bild 3/19) zugrunde. Die Berechnung der Abweichungskurve erfolgt nach dem in Kapitel 3.4. ff. beschriebenen Schema. Dabei wird ersichtlich, daß gleich großen Zeitschritten auf dem Cut-Vector keine gleich großen Teilbögen auf der Abweichungskurve entsprechen. Somit ist der Geschwindigkeitsverlauf der Fräserspitze auf der Abweichungskurve nicht konstant (Kapitel 5., Bild 5/2).

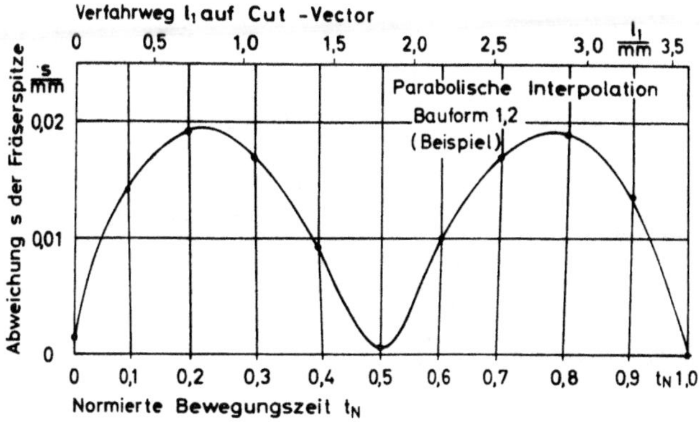

Bild 3/10: Spitzenabweichung bei parabolischer Interpolation

Bei der parabolischen Interpolation (Bild 3/10) unterscheiden sich die Teilbögen auf der Abweichungskurve nicht so stark. Dies hat kleinere Abweichungen von der programmierten Bahngeschwindigkeit u_{PROG} (Kapitel 5., Bild 5/3) zufolge.

3.4.4. Die Gesamtabweichung

Aufgrund der Winkelabweichung ergibt sich, wie in Bild 3/11 gezeigt, eine zusätzliche Abweichung w des Werkzeugs:

$$w(t) = \frac{d}{2} \sin\varphi(t) \qquad (3\text{-}26)$$

und für w_{MAX} gilt:

$$\frac{d}{2} \cos\varphi(t) = 0 \qquad (3\text{-}27)$$

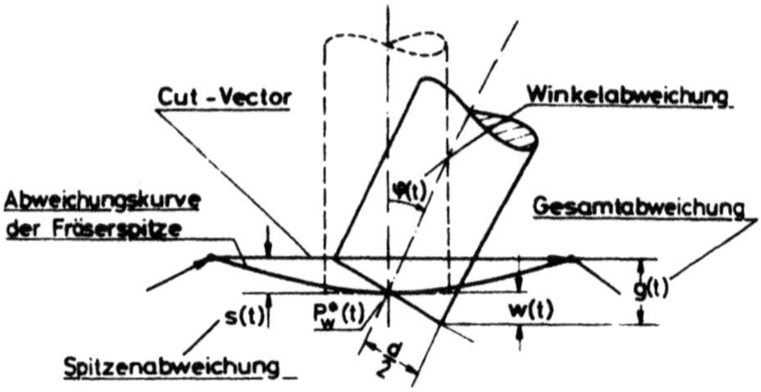

Bild 3/11: Gesamtabweichung g(t) des Fräswerkzeuges

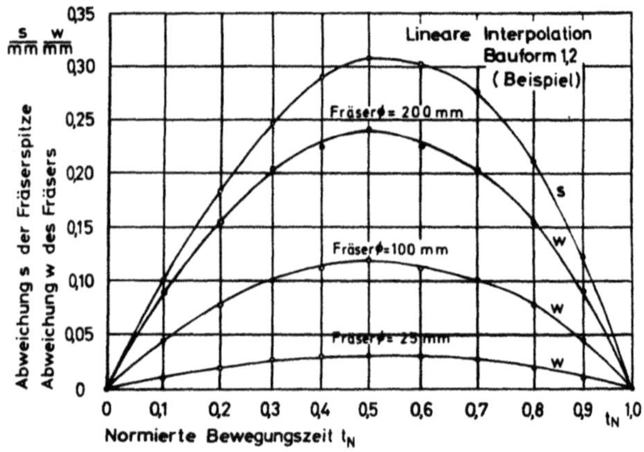

Bild 3/12: Abweichungen w des Fräsers bei linearer Interpolation

In Bild 3/12 und 3/13 sind in einem Beispiel die Abweichungen s der Fräserspitze und die Abweichungen w aus der Winkelabweichung aufgezeichnet. Auch diesem Beispiel liegen die Stammdaten

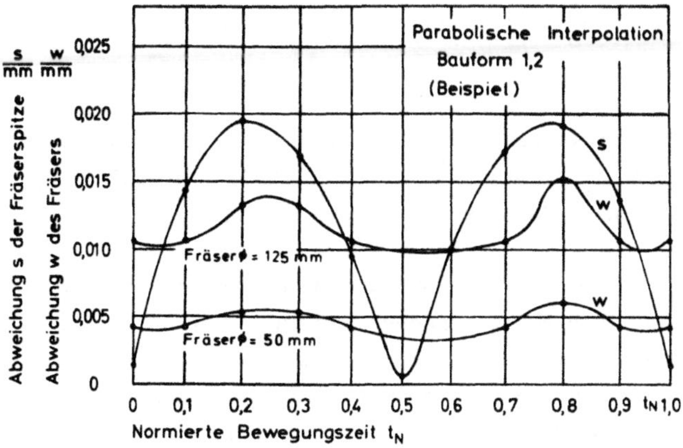

Bild 3/13: Abweichungen w des Fräsers bei parabolischer Interpolation

zugrunde. Dabei wird ersichtlich, daß sowohl bei linearer als auch bei parabolischer Interpolation die Abweichungen w nicht zu vernachlässigen sind. Besonders bei großen Fräserdurchmessern (Messerköpfe) kann w > s sein.

Der größte Wert der Summe s(t) + w(t) ergibt die maximale Gesamtabweichung. Den durchgeführten Berechnungen lag die Fräserspitze zugrunde. In Wirklichkeit ist die genaue Stelle, wo der Fräser innerhalb seiner Berührfläche die größte Abweichung aufgrund der Mehrachsenbearbeitung von der Sollkontur erreicht, unbekannt. Deshalb wird von den Winkelabweichungen jeweils der maximale Wert genommen, um auf der sicheren Seite zu liegen und damit brauchbare Ergebnisse zu erzielen.

Eine vereinfachte Berechnung der Spitzenabweichungen, wie sie in [7, 8] angegeben ist, ermittelt jeweils aus den korrespondierenden Punkten $P_W(t)$ auf dem Cut-Vector und $P_W^*(t)$ auf der Abweichungskurve die Entfernung s_P nach dem Satz des Pythagoras zu:

$$s_P = \sqrt{(X_W(t)-X_W^*(t))^2 + (Y_W(t)-Y_W^*(t))^2 + (Z_W(t)-Z_W^*(t))^2} \tag{3-28}$$

Diese Berechnungsmethode ist jedoch sehr ungenau, da die Gerade durch $P_W(t)$ und $P_W^*(t)$ nicht senkrecht auf $\overline{P_{AW}P_{EW}}$ steht und damit stets $s_P > s$ sein wird.

Ein Sonderfall der Abweichungsberechnung ergibt sich, wenn nur die Lage der Werkzeugachse verändert wird, d. h. wenn die Länge des Cut-Vectors $l = 0$ ist. Die Berechnung der Abweichungen läuft wie beschrieben, auch wenn $P_{AW} = P_{EW}$. Für die Berechnung der Spitzenabweichungen kann dann nur Gl. 3-28 verwendet werden.

Die Bilder 3/9, 3/10, 3/12 und 3/13 zeigen, daß die Abweichungen bei der parabolischen Interpolation etwa um eine Zehnerpotenz kleiner sind als bei der linearen Interpolation. Im folgenden Kapitel wird darauf näher eingegangen.

4. Parameter für Abweichungen vom Cut-Vector

Das Verfahren zur Berechnung der Bahnabweichungen vom Cut-Vector wurde im vorangehenden Kapitel ausführlich erläutert. Die Bahnabweichungen hängen ab von

der Lage des Cut-Vectors im W-System,
der Lage des W-Systems zum M-System,
dem Werkzeugschwenkradius,
der Maschinenbauform,
der Interpolationsart der Steuerung und
dem Fräserradius.

Die Lage des Cut-Vectors 1 im W-System ergibt sich aus seinem Anfangs- und Endpunkt P_{AW} und P_{EW} sowie den zugehörigen Vektoren $\overrightarrow{V_{AW}}$ und $\overrightarrow{V_{EW}}$, um die Werkzeugachsrichtungen zu bestimmen.

4.1. Darstellung der Bahnabweichungen als Funktion ihrer Parameter

Die Lage des W-Systems zum M-System wird bei den Bauformen 1 und 2 durch die Aufspannung des Werkstückes auf den Drehtisch vorgegeben. Die Aufspannung soll so erfolgen, daß der W-System- und der M-System-Nullpunkt zusammenfallen (siehe auch Kapitel 3.3.). Als Maschinenbauformen werden die Bauformen 1, 2 und 3 betrachtet, und bei der Interpolationsart lineare und parabolische Interpolation angenommen.

Zur Berechnung der Bahnabweichungen wird von einem beliebigen Punkt P_{AW} im W-System ausgegangen. Statt des Vektors $\overrightarrow{V_{AW}}$ werden die Anfangswinkel α_{AW} und γ_{AW} im W-System vorgegeben. Für diesen Punkt wurden folgende Werte (hier sogenannte Stammdaten) angenommen:

$X_{AW} = 300$ mm
$Y_{AW} = 300$ mm
$Z_{AW} = 150$ mm
$\alpha_{AW} = 30^\circ$
$\gamma_{AW} = 90^\circ$
$\Delta\alpha_W = 6^\circ$
$\Delta\gamma_W = 6^\circ$
Fräserdurchmesser d = 40 mm
Werkzeugschwenkradius $r_{WZ} = 400$ mm
Cut-Vector-Länge l = 3,6 mm,

wobei festgelegt wurde, daß der Cut-Vector im W-System sich aus gleich großen Verfahrinkrementen zusammensetzt. Als Verfahrinkremente für den Stammdatensatz wurden ungefähr 2 mm angenommen, dies entspricht etwa einer Cut-Vector-Länge l = 3,6 mm.

Um quantitative Aussagen über die Bahnabweichungen zu erhalten, sind bis auf die jeweils zu variierende Größe, sämtliche anderen Stammdaten eines Arbeitspunktes als konstant angenommen. Der Variationsbereich der einzelnen Größen entspricht dabei in etwa den tatsächlich vorkommenden Werten aus APT, bzw. dem Arbeitsbereich der Maschine in Bild 2/1, und wurde folgendermaßen festgelegt:

$-600 \text{ mm} \leq X_W \leq +600 \text{ mm}$ mit Schritten von 150 mm,
$-600 \text{ mm} \leq Y_W \leq +600 \text{ mm}$ mit Schritten von 150 mm,
$0 \text{ mm} \leq Z_W \leq +600 \text{ mm}$ mit Schritten von 150 mm,
$0 \text{ mm} \leq l \leq 10{,}8 \text{ mm}$ mit Schritten von 1,8 mm,
$0^\circ \leq \gamma_W \leq 360^\circ$ mit Schritten von 15°,
$-12^\circ \leq \Delta\gamma_W \leq +12^\circ$ mit Schritten von 3°,
$0^\circ \leq \alpha_W \leq 120^\circ$ mit Schritten von 3°,
$-12^\circ \leq \Delta\alpha_W \leq +12^\circ$ mit Schritten von 3°,
$150 \text{ mm} \leq r_{WZ} \leq 600 \text{ mm}$ mit Schritten von 150 mm,
Fräserdurchmesser d = 40 mm konstant,
Bauformen 1 und 3 und die
Interpolationsarten der Steuerung: lineare und parabolische Interpolation.

Zur Durchführung der Variationen wurde ein Rechenprogramm für die DVA CDC 6600 und Univac 1108 in FORTRAN IV erstellt. Der Programmablauf stimmt weitgehend mit dem in Bild 3/4 dargestellten Informationsfluß überein. Alle für dieses Programm notwendigen Gleichungen sind in Kapitel 3. aufgeführt. Das Programm wurde so in Unterprogramme aufgeteilt, daß diese für nachfolgende Untersuchungen (Kapitel 5., 6. und 7.) weiter verwendet werden konnten. Außerdem werden einige Unterprogramme auch im Nachverarbeitungsprogramm (Postprocessor) gebraucht.

Wie bereits erwähnt, wurde bei der Variation der Einflußgrößen der Stammdatensatz verwendet und jeweils einer der aufgeführten Parameter variiert. Die mit Hilfe dieser Programme ermittelten Ergebnisse sind in den nachfolgend diskutierten Bildern zusammengefaßt.

4.2. Diskussion der Ergebnisse

Für die Bauform 3 ergibt sich, daß bei Variation der Werkstückkoordinaten X_W, Y_W und Z_W die Spitzenabweichungen s zwar einen interpolationsabhängigen Betrag annehmen, jedoch jeweils über dem gesamten Variationsbereich konstant sind (Bild 4/1 bis 4/6), d. h. sie sind unabhängig von den Werkstückkoordinaten.

Im Gegensatz dazu ist s bei den Bauformen 1 und 2 von X_W und Y_W abhängig. Eine Symmetrie kann bei diesen Daten nicht festgestellt werden (Bild 4/1 bis 4/4).

Bei der Variation von Z_W bilden die Spitzenabweichungen s auch für die Bauformen 1 und 2 einen interpolationsabhängigen, konstanten Betrag (Bild 4/5 und 4/6). Die erwähnte Konstanz von s bei der Bauform 3 für alle 3 Werkstückkoordinaten und bei den Bauformen 1 und 2 für Z_W entsteht dadurch, daß der Einfluß des Drehtisches wegfällt.

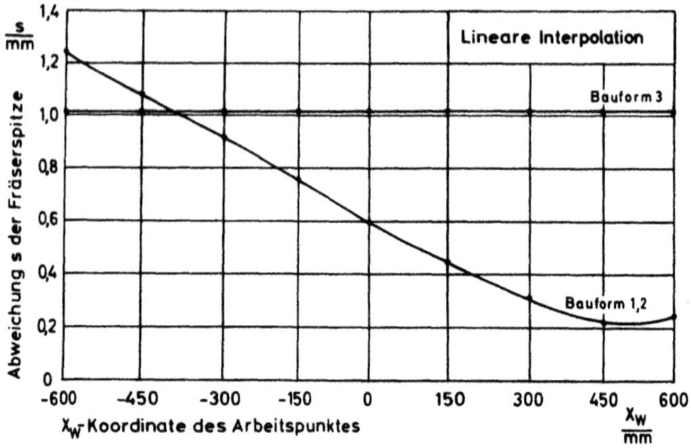

Bild 4/1: Spitzenabweichung bei Variation von X_W (lineare Interpolation)

Bei parabolischer Interpolation betragen die Spitzenabweichungen s von einem Cut-Vector, wie aus Bild 4/1 bis 4/6 zu sehen ist, nur 1/10 bis 1/50 der Spitzenabweichungen bei linearer Interpolation (vgl. Maßstäbe der Diagramme).

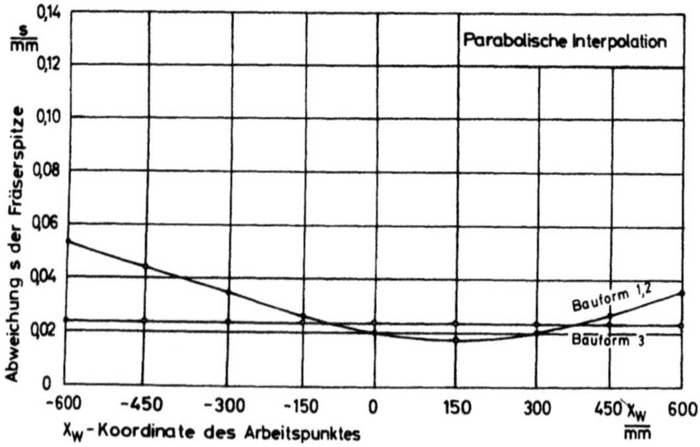

Bild 4/2: Spitzenabweichung bei Variation von X_W (parabolische Interpolation)

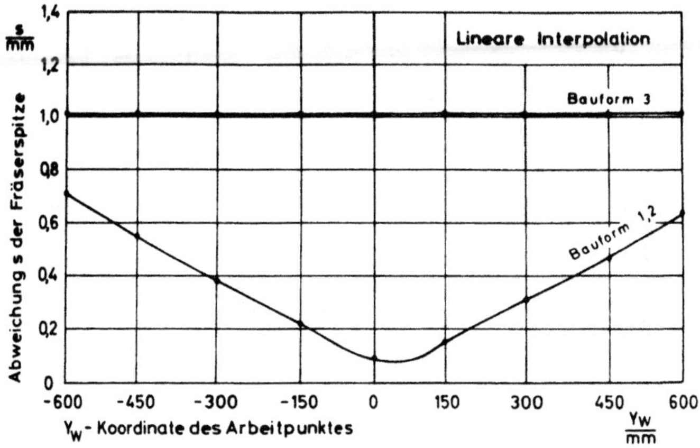

Bild 4/3: Spitzenabweichung bei Variation von Y_W (lineare Interpolation)

Bild 4/7 und 4/8 zeigen, daß s auch bei der Variation des Werkstückwinkels α_W bei parabolischer Interpolation immer viel kleiner ist als bei linearer Interpolation.

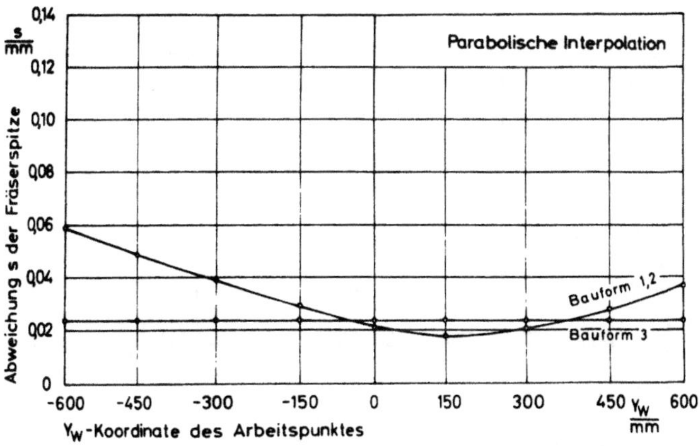

Bild 4/4: Spitzenabweichung bei Variation von Y_W (parabolische Interpolation)

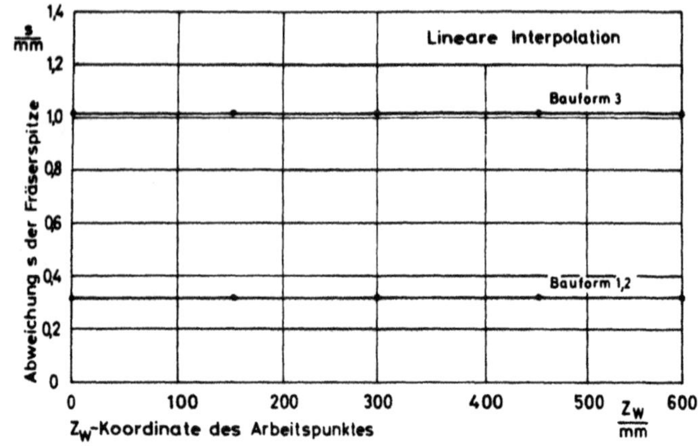

Bild 4/5: Spitzenabweichung bei Variation von Z_W (lineare Interpolation)

Eine einfache Gesetzmäßigkeit ist jedoch nicht zu erkennen; s nimmt bei den Bauformen 1 und 2 bei linearer Interpolation mit größer werdendem Werkstückwinkel α_W zu, während s für die Bauform 3 ungefähr konstant bleibt.

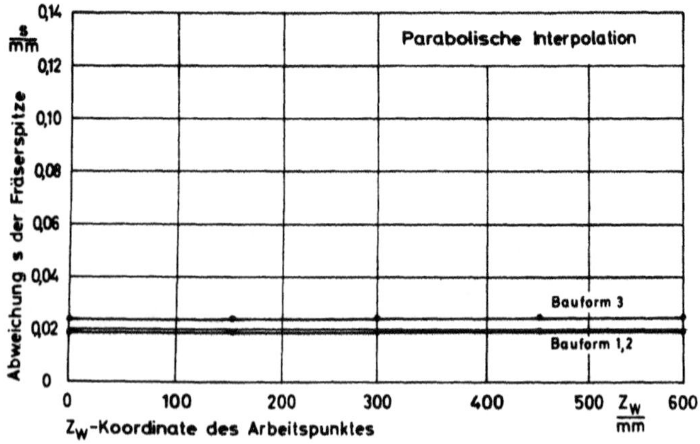

Bild 4/6: Spitzenabweichung bei Variation von Z_W (parabolsiche Interpolation)

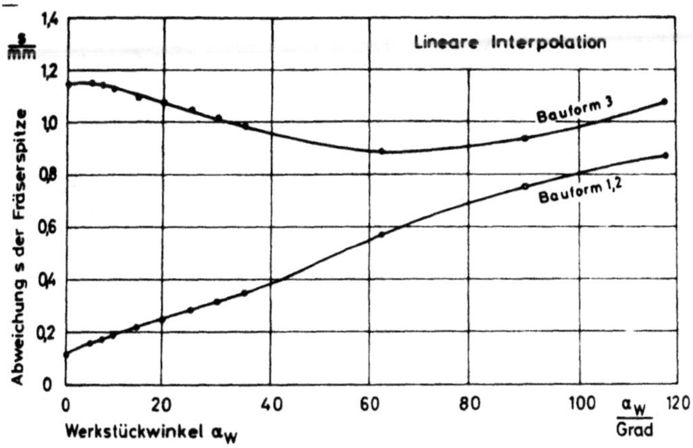

Bild 4/7: Spitzenabweichung bei Variation von α_W (lineare Interpolation)

Bei parabolischer Interpolation nimmt s bei wachsendem α_W sowohl für die Bauformen 1 und 2 als auch für die Bauform 3 stark ab.

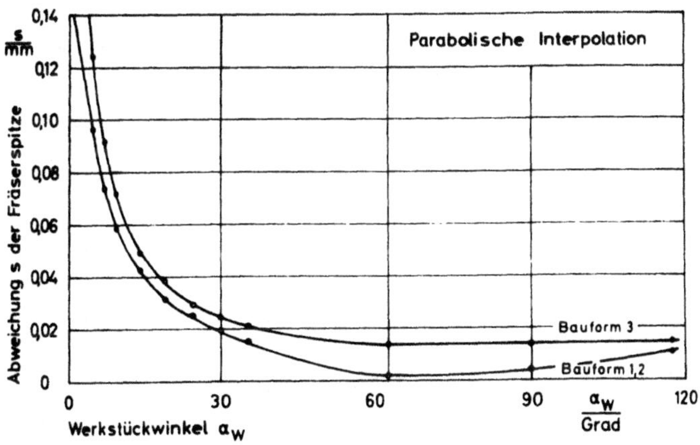

Bild 4/8: Spitzenabweichung bei Variation von α_W (parabolische Interpolation)

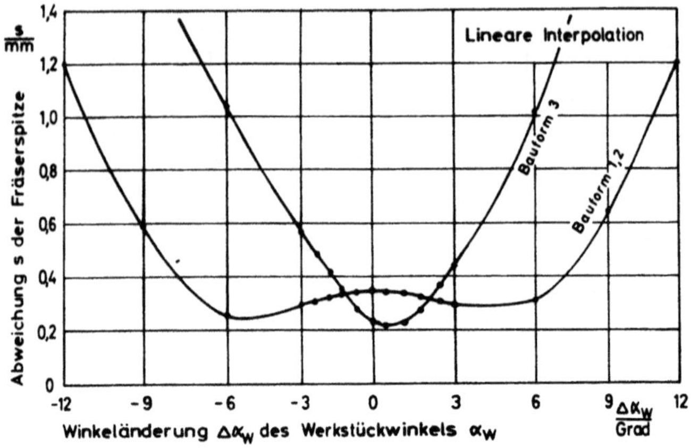

Bild 4/9: Spitzenabweichung bei Variation von $\Delta\alpha_W$ (lineare Interpolation)

Bei der Variation der Inkremente des Werkstückwinkels $\Delta\alpha_W$ ergeben sich unabhängig von den Interpolationsarten - wenn auch in der Größenordnung verschieden - für alle Bauformen ähnliche Verläufe der Spitzenabweichungen.

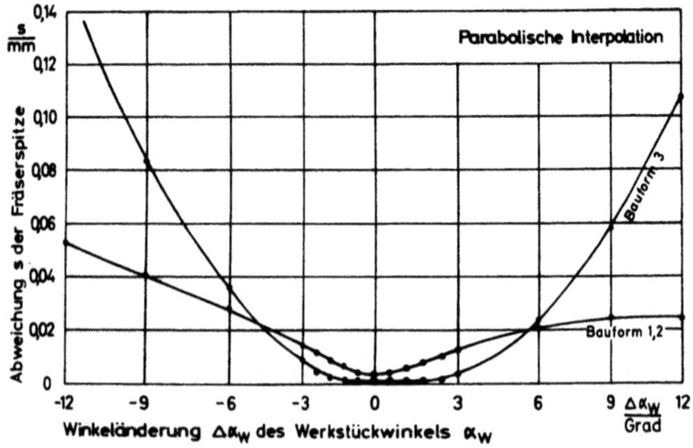

Bild 4/10: Spitzenabweichung bei Variation von $\Delta\alpha_W$ (parabolische Interpolation)

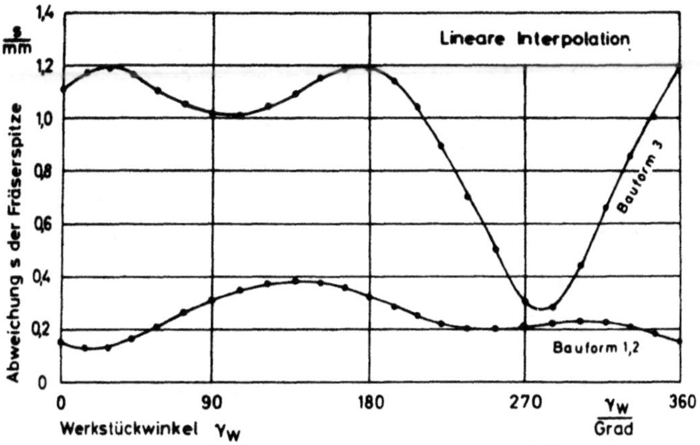

Bild 4/11: Spitzenabweichung bei Variation von γ_W (lineare Interpolation)

Bei den Bauformen 1 und 2 ergeben sich bis zum Werkstückwinkelinkrement $\Delta\alpha_W = + 6^\circ$ fast konstante Verläufe der Spitzenabweichungen, während sie für die Winkelinkremente $\Delta\alpha_W < -6^\circ$ und $\Delta\alpha_W > 6^\circ$ schnell anwachsen.

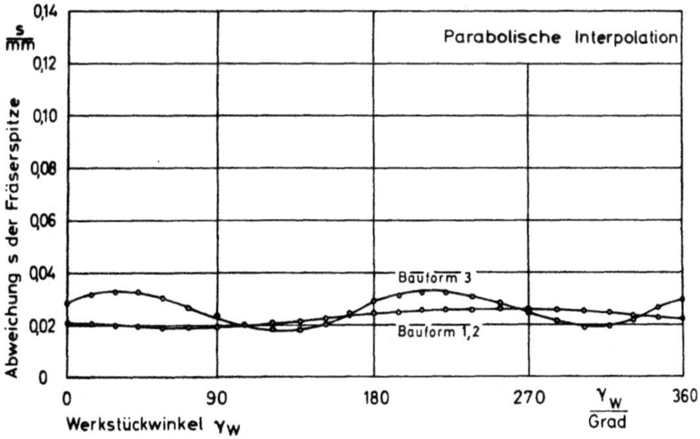

Bild 4/12: Spitzenabweichung bei Variation von γ_W (parabolische Interpolation)

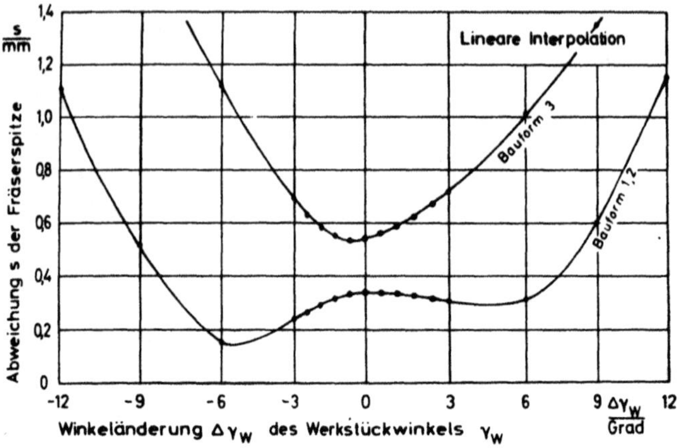

Bild 4/13: Spitzenabweichung bei Variation von $\Delta\gamma_W$ (lineare Interpolation)

Bei Bauform 3 erfolgt der Anstieg der Spitzenabweichungen s - insbesondere bei der linearen Interpolation - schon bei den Winkelinkrementen $\Delta\alpha_W < -1{,}5^{\circ}$ und $\Delta\alpha_W > 2^{\circ}$ (Bild 4/9 u. 4/10)

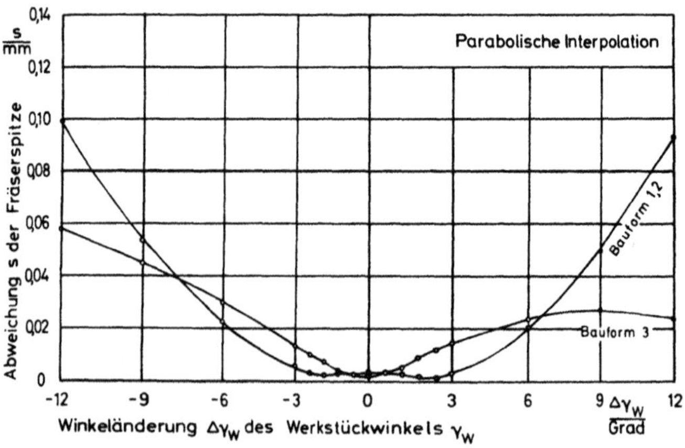

Bild 4/14: Spitzenabweichung bei Variation von $\Delta\gamma_W$ (parabolische Interpolation)

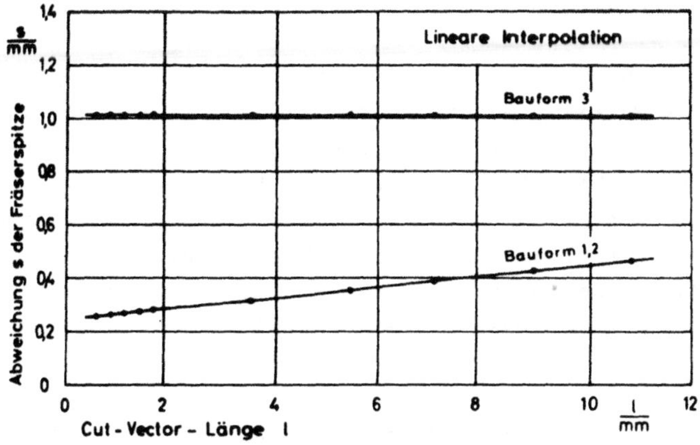

<u>Bild 4/15:</u> Spitzenabweichung bei Variation von l (lineare Interpolation)

Für die Bauformen 1 und 2 bei linearer und für die Bauformen 1,2 und 3 bei parabolischer Interpolation ist der Verlauf der Spitzenabweichungen s über dem Werkstückwinkel γ_W relativ konstant (Bild 4/11 und 4/12), während sich bei linearer Inter-

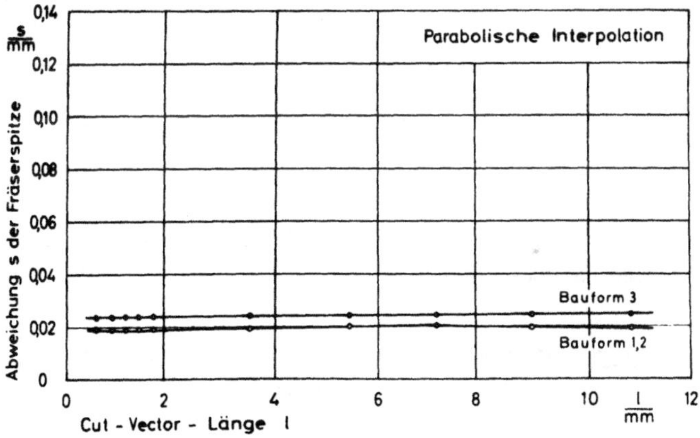

<u>Bild 4/16:</u> Spitzenabweichung bei Variation von l (parabolische Interpolation)

polation für die Bauform 3 starke Schwankungen zeigen.

Insgesamt haben alle Spitzenabweichungen für $0^\circ \leq \gamma_W \leq 360^\circ$ den Charakter einer Sinusfunktion. Die Bilder 4/13 und 4/14 zeigen den Verlauf der Spitzenabweichungen s über den Inkrementen des Werkstückwinkels $\Delta\gamma_W$. Auch hier ergeben - wie bei $\Delta\alpha_W$ - im Bereich $-6^\circ \leq \Delta\gamma_W \leq +6^\circ$ liegende Winkeländerungen relativ kleine Spitzenabweichungen. Bei parabolischer Interpolation betragen die Spitzenabweichungen ebenfalls wieder nur etwa 1/10 gegenüber jenen bei linearer Interpolation.

Den Verlauf der Spitzenabweichungen s über der Cut-Vector-Länge l zeigen die Bilder 4/15 und 4/16. Bei den Bauformen 1 und 2 und linearer Interpolation steigt s über größer werdendem Cut-Vector l an. Bei Bauform 3 ist bei gleicher Länge l die Spitzenabweichung 2 bis 4 mal größer, jedoch konstant.

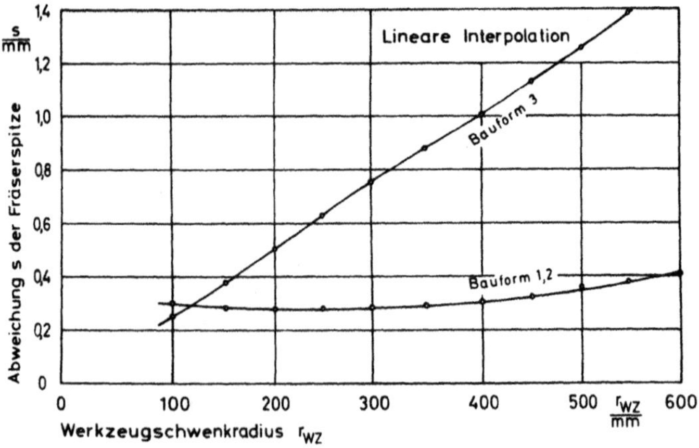

Bild 4/17: Spitzenabweichung bei Variation von r_{WZ} (lineare Interpolation)

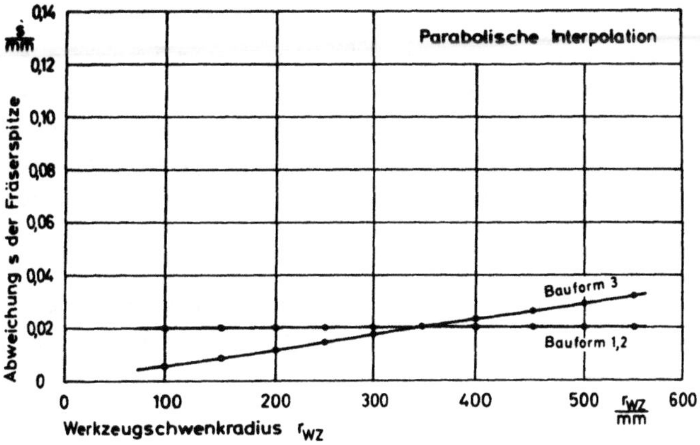

Bild 4/18: Spitzenabweichung bei Variation von r_{WZ} (parabolische Interpolation)

Bei parabolischer Interpolation ist s für die Bauformen 1, 2 und 3 konstant und fast gleich groß.

In den Bildern 4/15 und 4/16 ist für l = O diese Kurve nicht definiert, da für l = O die Spitzenabweichungen s nach dem Satz des Pythagoras errechnet werden müssen (siehe Kapitel 3.4.4.).

Anschließend seien noch in Bild 4/17 und 4/18 die Spitzenabweichungen über dem Schwenkkopfradius r_{WZ} aufgetragen. Bei linearer Interpolation ist bei der Bauform 3 r_{WZ} von Einfluß. Hier steigen mit wachsendem r_{WZ} auch die Spitzenabweichungen s stark an, während sie bei den Bauformen 1 und 2 ziemlich konstant bleiben. Auch bei parabolischer Interpolation ist dieser Trend erkennbar.

4.3. Folgerungen aus den Ergebnissen

Die Bilder 4/1 bis 4/18 zeigen für einen Arbeitspunkt mit zugehörigem Stammdatensatz bei Variation jeweils eines Parameters die Spitzenabweichungen s. Diese Bilder geben einen guten Überblick über die Einflüsse der einzelnen Parameter. Aus den bisher gewonnenen Ergebnissen lassen sich folgende Schlüsse ziehen:

a) Die Spitzen- und Winkelabweichungen liegen in einer Grössenordnung, die man bei den üblichen Fertigungsgenauigkeiten nicht vernachlässigen darf.

b) Es müssen die vorhandenen Methoden im Hinblick darauf untersucht werden, inwieweit sie diese Abweichungen in Grenzen halten (Kapitel 6.1.1. und 6.1.2.), oder es müssen neue Methoden gesucht werden (Kapitel 6.1.3., 6.2. und 7.).

c) Einfache Aussagen für abweichungsarme Programmierung lassen sich nicht machen, z. B. daß bestimmte Arbeitsbereiche der Maschine und Fräserstellungen zu bevorzugen seien. Man muß deshalb auf die Korrektur mit Hilfe des Postprocessors oder auf prinzipiell andere Verfahren zurückgreifen (Kapitel 7.).

d) Die Bauform 3 der 5-Achsen-Maschine liefert im Durchschnitt wesentlich größere Abweichungen als die Bauformen 1 und 2. Abweichungen können unter anderem mit ein Kriterium für die Konstruktion solcher Maschinen sein [2, 6].

e) Die Drehung des Schwenkkopfes um 90°, wodurch Bauform 2 ensteht, hat keinen Einfluß auf die Abweichungen.

f) Parabolische Interpolation bringt Abweichungen, die um eine Zehnerpotenz kleiner sind als bei linearer Interpolation - allerdings nur bei relativ kleinen Inkrementen (vgl. Kapitel 6.2.).

Um noch sicherere Aussagen über entstehende maximale Abweichungen im gesamten Arbeitsbereich der Maschinen (Bauformen 1, 2 und 3) treffen zu können, wäre eine systematische Variation sämtlicher Parameter notwendig, bei der jeder Parameter mit jedem kombiniert wird.

Parameter	X_w (mm)	Y_w (mm)	Z_w (mm)	l (mm)	α_w (°)	γ_w (°)	$\Delta\alpha_w$ (°)	$\Delta\gamma_w$ (°)	r_{wz} (mm)	Fräser∅ (mm)	Bauform	Interpol-art
	600	600		0			12	12	500		1, 2	linear
	450	450	0	1,8	0	0	9	9	450		3	parab
Stamm-daten	300	300	150	3,6	30	90	6	6	400	40		
	150	150	300	5,4	60	180	3	3	350			
	0	0	450	7,2	90	270	0	0	300			
	-150	-150	600	9,0	110	360	-3	-3	250			
	-300	-300		10,8			-6	-6	200			
	-450	-450					-9	-9	150			
	-600	-600					-12	-12	100			
Anzahl d. Parameter-werte	9	9	5	7	5	5	9	9	9	1	2	2

Σ Variationsmöglichkeiten = 265 720 500

Bild 4/19: Variationen der Einflußgrößen zur Berechnung der Spitzenabweichung s

In Bild 4/19 sind die Stammdaten und ihre Varianten angegeben. Es ergeben sich für die hier aufgeführten Werte für die Bauformen 1, 2 und 3 sowie zwei Interpolationsarten 265 720 500 Kombinationen. Aus dem Rechenprogramm zur Ermittlung der Daten für die Bilder 4/1 bis 4/18 ergab sich für einen Datensatz etwa 0,1 s Rechenzeit auf der DVA CDC 6600. Die Gesamtvariation mit den in Bild 4/19 aufgeführten Parametern würde also ohne weitere Beschränkung keinesfalls vertretbare Rechenzeiten und Rechenkosten ergeben.
Wie die gefundenen Ergebnisse zeigen, erhält man jedoch schon mit den ausgeführten Variationen ergiebige qualitative Aussagen.

5. Tatsächliche Bahngeschwindigkeit und Verfahrzeit am Cut-Vector

Nach der Betrachtung der geometrischen Abweichungen und den sich daraus ergebenden Folgerungen sind nun die Geschwindigkeitsverläufe am Cut-Vector näher zu untersuchen. In der Regel verlangt die Zerspantechnologie konstante Schnittbedingungen. Inwieweit diese bei Mehrachsenmaschinen realisierbar sind, zeigt dieser Abschnitt.

5.1. Die Verfahrzeit

Die Gesamtzeit t_{GES}, in der die Simultanbewegungen an der Maschine für einen Cut-Vector ablaufen, ergibt sich aus seiner Länge l und der programmierten Bahngeschwindigkeit u_{PROG} am Werkstück zu:

$$t_{GES} = \frac{\sqrt{(X_{EW}-X_{AW})^2 + (Y_{EW}-Y_{AW})^2 + (Z_{EW}-Z_{AW})^2}}{u_{PROG}} \qquad (5\text{-}1)$$

5.2. Bahngeschwindigkeit bei linearer Interpolation

Die Berechnung des tatsächlichen Bahngeschwindigkeitsverlaufs am Werkstück gibt Bild 5/1 wieder. Die Verfahrinkremente ΔX_M^* usw. in den Maschinenachsen folgen aus Gl. 3-15 und 3-21. Zusammen mit den für die jeweilige Maschinenachse maximal zulässigen Vorschubgeschwindigkeiten $\dot{X}_{MZUL}$ usw. ergeben sich die minimal zulässigen Verfahrzeiten t_{XM} usw. in den einzelnen Achsen:

$$
\begin{aligned}
t_{XM} &= \frac{\overset{*}{X}_M(t_{GES}) - \overset{*}{X}_M(0)}{\dot{X}_{MZUL}} = \frac{\Delta \overset{*}{X}_M}{\dot{X}_{MZUL}} \\
t_{YM} &= \frac{\overset{*}{Y}_M(t_{GES}) - \overset{*}{Y}_M(0)}{\dot{Y}_{MZUL}} = \frac{\Delta \overset{*}{Y}_M}{\dot{Y}_{MZUL}} \\
t_{ZM} &= \frac{\overset{*}{Z}_M(t_{GES}) - \overset{*}{Z}_M(0)}{\dot{Z}_{MZUL}} = \frac{\Delta \overset{*}{Z}_M}{\dot{Z}_{MZUL}} \\
t\alpha_M &= \frac{\overset{*}{\alpha}_M(t_{GES}) - \overset{*}{\alpha}_M(0)}{\dot{\alpha}_{MZUL}} = \frac{\Delta \overset{*}{\alpha}_M}{\dot{\alpha}_{MZUL}} \\
t\gamma_M &= \frac{\overset{*}{\gamma}_M(t_{GES}) - \overset{*}{\gamma}_M(0)}{\dot{\gamma}_{MZUL}} = \frac{\Delta \overset{*}{\gamma}_M}{\dot{\gamma}_{MZUL}}
\end{aligned}
\qquad (5\text{-}2)
$$

Die Zeiten t_{XM} usw. aus Gl. 5-2 werden mit t_{GES} verglichen. Wenn t_{GES} größer ist als die ermittelten Zeiten, wird $t_{NEU} = t_{GES}$, sonst wird t_{NEU} so groß gewählt wie die ermittelte größte Zeit aus Gl. 5-2.

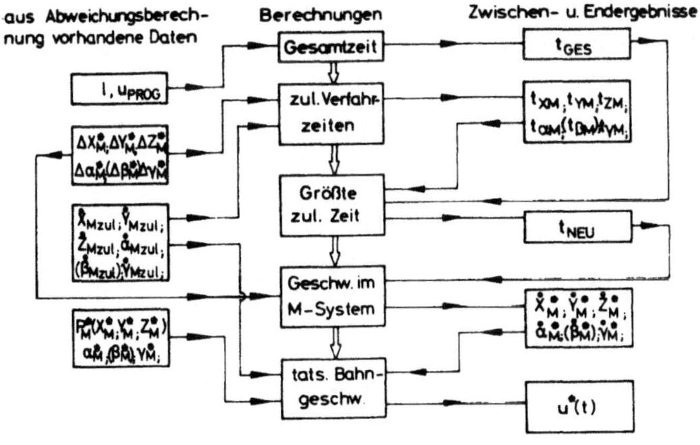

Bild 5/1: Informationsfluß bei der Berechnung der tatsächlichen Bahngeschwindigkeit

Wenn nur die Lage der Werkzeugachse verändert wird, d. h. wenn $l = 0$ ist, so folgt die neue Gesamtzeit t_{NEU} aus dem größeren Wert von $t\alpha_M$ bzw. $t\gamma_M$ (Gl. 5-2). Aus Gl. 5-2 ergeben sich dann mit t_{NEU}:

$$\dot{X}_M^* = \frac{\Delta X_M^*}{t_{NEU}}$$

$$\dot{Y}_M^* = \frac{\Delta Y_M^*}{t_{NEU}}$$

$$\dot{Z}_M^* = \frac{\Delta Z_M^*}{t_{NEU}} \qquad (5-3)$$

$$\dot{\alpha}_M^* = \frac{\Delta \alpha_M^*}{t_{NEU}}$$

$$\dot{\gamma}_M^* = \frac{\Delta \gamma_M^*}{t_{NEU}}$$

Dies sind die wirklichen Vorschubgeschwindigkeiten in den Maschinenachsen. Die Geschwindigkeitskomponenten der tatsächlichen Bahngeschwindigkeit im W-System $\dot{X}_W^*(t)$ usw. ergeben sich durch Ableiten der Gl. 3-22 nach t zu:

$$\begin{aligned}\dot{X}_W^*(t) = {} & \dot{X}_M^*(t)\cos\gamma_M^*(t) - X_M^*(t)\dot{\gamma}_M^*(t)\sin\gamma_M^*(t) \\ & +(\dot{Y}_M^*(t) + r_{WZ}\dot{\alpha}_M^*(t)\cos\alpha_M^*(t))\sin\gamma_M^*(t) \\ & +(Y_M^*(t) + r_{WZ}\sin\alpha_M^*(t))\dot{\gamma}_M^*(t)\cos\gamma_M^*(t)\end{aligned} \qquad (5-4)$$

$$\begin{aligned}\dot{Y}_W^*(t) = {} & -\dot{X}_M^*(t)\sin\gamma_M^*(t) - X_M^*(t)\dot{\gamma}_M^*(t)\cos\gamma_M^*(t) \\ & +(\dot{Y}_M^*(t) + r_{WZ}\dot{\alpha}_M^*(t)\cos\alpha_M^*(t))\cos\gamma_M^*(t) \\ & -(Y_M^*(t) + r_{WZ}\sin\alpha_M^*(t))\dot{\gamma}_M^*(t)\sin\gamma_M^*(t)\end{aligned}$$

$$\dot{Z}_W^*(t) = \dot{Z}_M^*(t) + r_{WZ}\dot{\alpha}_M^*(t)\sin\alpha_M^*(t) \qquad (5\text{-}4)$$

Zur Berechnung der tatsächlichen Bahngeschwindigkeit $u^*(t)$ am Werkstück setzt man die Gl. 3-15, 3-21 und 5-3 in Gl. 5-4 ein. Die tatsächliche Bahngeschwindigkeit $u^*(t)$ wird:

$$u^*(t) = \sqrt{(\dot{X}_W^*(t))^2 + (\dot{Y}_W^*(t))^2 + (\dot{Z}_W^*(t))^2} \qquad (5\text{-}5)$$

In den aufgeführten Gleichungen läuft die Zeitvariable t von $0 \leq t \leq t_{NEU}$.

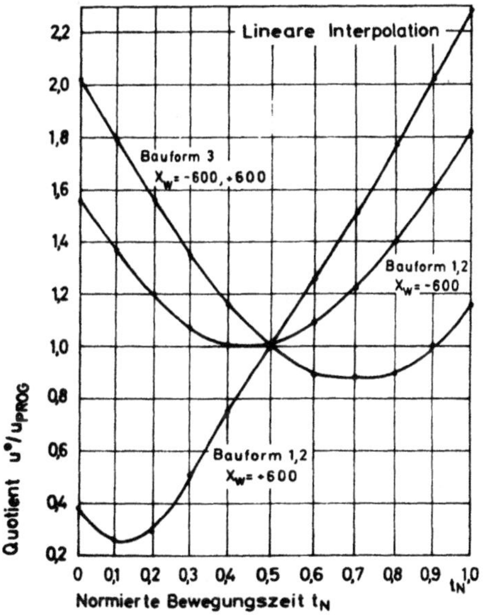

Bild 5/2: Vergleich von tatsächlicher und programmierter Bahngeschwindigkeit bei linearer Interpolation

Bild 5/2 zeigt den Vergleich der tatsächlichen und der programmierten Bahngeschwindigkeit am Werkstück bei linearer Interpolation. Für die Berechnungen wurde die X-Koordinate im W-System variiert - die anderen Daten entsprechen dem gewählten Arbeitspunkt (Kapitel 4.).

Es zeigt sich, daß das Verhältnis der Abweichung der tatsächlichen Bahngeschwindigkeit zu der programmierten Bahngeschwindigkeit groß ist (z. B. bei X_W = 600 mm, Bauform 1, ist $0{,}3 < u^*/u_{PROG} < 2{,}3$). Dies ist bei der Zerspanung unerwünscht, denn eine Schwankung der Bahngeschwindigkeit des Fräsers ergibt wechselnde Schnittbedingungen (wechselnde Spanleistung, wechselnde Schnittkräfte, schlechtere Oberflächen usw.).

5.3. Bahngeschwindigkeit bei parabolischer Interpolation

Die Bahngeschwindigkeit am Werkstück bei parabolischer Interpolation wird ähnlich wie bei linearer Interpolation berechnet. Aus Gl. 3-18 und 3-23 folgen die maximalen Vorschubgeschwindigkeiten in den Maschinenachsen zu:

$$\begin{aligned} \dot{X}_M^*(0) &= A_1 \\ \dot{X}_M^*(t_{GES}) &= A_1 + 2A_2 t_{GES} \end{aligned} \qquad (5\text{-}6)$$

und entsprechend für die anderen Achsen.

Für jede Achse ergeben sich zwei Verfahrzeiten:

$$\begin{aligned} t_{XM1} &= \frac{\dot{X}_M^*(0)}{\dot{X}_{MZUL}}\, t_{GES} \\ t_{XM2} &= \frac{\dot{X}_M^*(t_{GES})}{\dot{X}_{MZUL}}\, t_{GES} \end{aligned} \qquad (5\text{-}7)$$

wobei die größere der beiden die minimal zulässige Verfahrzeit t_{XM} ist. Für die anderen Achsen wird entsprechend vorgegangen.

t_{NEU} ergibt sich wie in Kapitel 5. beschrieben. Die wirklichen Vorschubgeschwindigkeiten in den einzelnen Maschinenachsen folgen aus:

$$\dot{X}^*_M(t) = A_1 + 2A_2 t$$

$$\dot{Y}^*_M(t) = B_1 + 2B_2 t$$

$$\dot{Z}^*_M(t) = C_1 + 2C_2 t \qquad (5-8)$$

$$\dot{\alpha}^*_M(t) = D_1 + 2D_2 t$$

$$\dot{\gamma}^*_M(t) = E_1 + 2E_2 t$$

Zur Berechnung der tatsächlichen Bahngeschwindigkeit $u^*(t)$ werden die Gl. 3-18, 3-23 und 5-8 in Gl. 5-4 und diese in Gl. 5-5 eingesetzt. Auch hier läuft die Zeitvariable t von $0 \leq t \leq t_{NEU}$

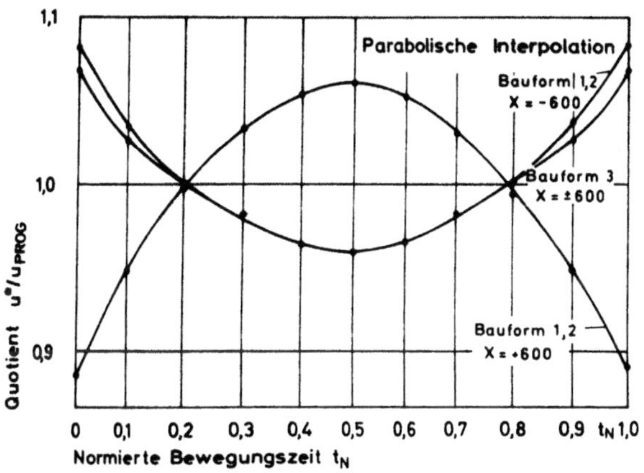

Bild 5/3: Vergleich von tatsächlicher und programmierter Bahngeschwindigkeit bei parabolischer Interpolation

Bild 5/3 zeigt u^*/u_{PROG} für parabolische Interpolation. Das Verhältnis $0,9 < u^*/u_{PROG} < 1,1$ liegt hier wesentlich günstiger als bei linearer Interpolation (Bild 5/2). Damit ergeben sich bezüglich der Zerspanung eindeutige Vorteile bei parabolischer Interpolation.

Den in Bild 5/2 und 5/3 dargestellten Geschwindigkeitsverläufen liegen ebenfalls die Stammdaten zugrunde. Zur Berechnung der Geschwindigkeitsverläufe wurde das in Kapitel 4.1. erwähnte Rechenprogramm erweitert. Den Informationsfluß dieses zusätzlichen Programmteils zeigt Bild 5/1.

Insgesamt steht damit ein vollständiges Rechenprogramm zur Berechnung der kinematischen Abweichungen von einem Cut-Vector zur Verfügung.

6. Anpassung der Datenmenge an die geforderte Genauigkeit der Fräserbahn

Liegt eine von APT in Punkte und Vektoren zerlegte Fräserbahn vor, dann ist die Kenntnis der kinematischen Abweichungen für die Fertigungsgenauigkeit von Bedeutung.

Im APT-Teileprogramm kann der Programmierer die Toleranz, in der die berechneten Punkte der Werkzeugbahn liegen sollen, klein wählen. Dies ergibt eine große Punktdichte, wodurch erstens die Rechenzeit für das Teileprogramm anwächst und zweitens eine größere, für die Steuerung zu verarbeitende, Datenmenge notwendig wird.

Die Abweichungen lassen sich eher abschätzen, wenn aus Untersuchungen (Kapitel 3. und 4.) Erfahrungswerte vorliegen. Werden diese Erfahrungen jedoch nicht zugrunde gelegt, dann können die aus den vorliegenden Daten resultierenden Abweichungsfehler nach verschiedenen Methoden geprüft werden.

Das Ziel dieser Linearisierungsverfahren [4, 7, 8] ist es, eine Methode zu finden, um aus der Gesamtdatenmenge für eine Werkzeugbewegung nur so viele Daten für die Steuerung zu wählen, wie notwendig sind, damit die Formabweichungen am Werkstück noch innerhalb der gewünschten Toleranz liegen.

Bild 6/1 zeigt die Lage der Cut-Vectoren im "APT-Toleranzschlauch". Ist keine mehrachsige Bearbeitung vorgesehen oder bei mehrachsiger Bearbeitung keine Abweichungskontrolle beabsichtigt, so wird für die Berechnung der APT-Cut-Vectoren der gesamte Toleranzschlauch ausgenutzt (Bild 6/1a).

Nur wenn eine Linearisierung ausgeführt werden soll, gibt der Programmierer für diesen Bereich die Anweisung MAXDP/-2 an. Die Lage dieser für eine Abweichungskontrolle geeigneten Cut-Vectoren zeigt Bild 6/1b.

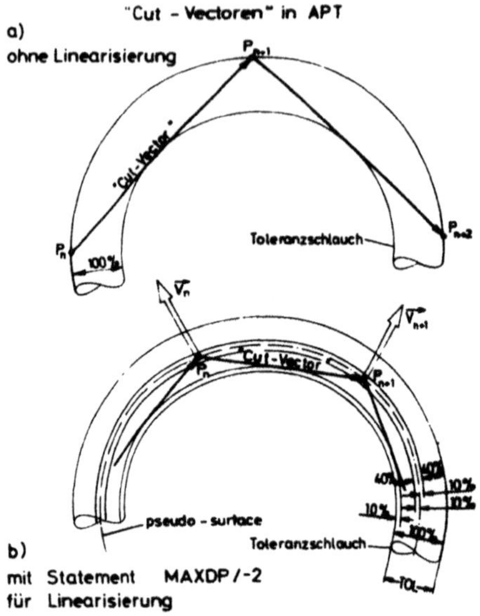

Bild 6/1: Lage der Cut-Vectoren im APT-Toleranzschlauch

6.1. Methoden der Linearisierung

In den folgenden Kapiteln 6.1.1. und 6.1.2. werden die in der Literatur [7, 8] nur unzureichend dokumentierten Linearisierungsverfahren analysiert und diskutiert. In Anlehnung daran, und aus den in Kapitel 4. gewonnenen Erkenntnissen, wird in Kapitel 6.1.3. ein neues Linearisierungsverfahren dargestellt.

6.1.1. Linearisierung durch Rückwärtsgehen zwischen zwei Punkten

Bild 6/2 zeigt das Rückwärtsgehen zwischen 2 Punkten. Bei diesem Verfahren ist keine Datenverminderung möglich. Es wird die Gesamtabweichung g_0 zwischen Punkt P_{AW} und P_{EW} gegen 10 % des

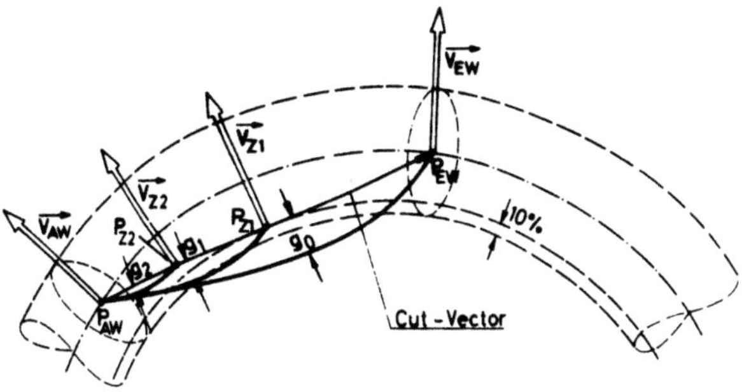

Bild 6/2: Linearisierung durch Rückwärtsgehen zwischen zwei Punkten

Toleranzschlauchdurchmessers geprüft. Überschreitet g_0 dieses Maß, wird der Cut-Vector halbiert und zwischen P_{AW} und P_{Z1} die Gesamtabweichung g_1 ermittelt. Dies setzt sich solange fort, bis die Gesamtabweichung kleiner als 10 % des Toleranzschlauchdurchmessers ist. Für die weiteren Berechnungen bildet P_{Z2} den neuen Anfangspunkt. Damit nicht zu viele Rückwärtsschritte notwendig werden, ist es wichtig, die Toleranz im APT-Teileprogramm so zu wählen, daß die Abweichungen klein bleiben und nicht zu lange rückwärtsgegangen werden muß. Wie in [7, 8] angegeben, wird die Spitzenabweichung nach dem Satz des Pythagoras ermittelt, was eventuell mehr Schritte ergibt, als notwendig wären (Kapitel 3.4.).

Außerdem setzt man beim Vergleich der Abweichungen mit 10 % der APT-Toleranz die ungünstigste Lage der Abweichungskurve voraus. Bei Kenntnis der Lage der Abweichungskurve könnte gegen eine wesentlich größere Toleranz geprüft werden.

6.1.2. Linearisierung durch Rückwärtsgehen zwischen fünf Punkten

Dieses in [7, 8] beschriebene Verfahren zeigt Bild 6/3. Hier wird zuerst die maximale Gesamtabweichung vom Cut-Vector zwischen Punkt 1 und Punkt 5 berechnet und gegen 40 % der APT-

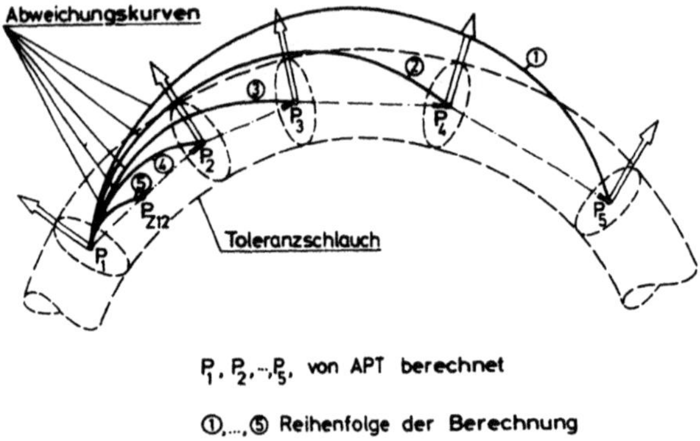

Bild 6/3: Linearisierung durch Rückwärtsgehen zwischen fünf Punkten

Toleranz geprüft. Ist die Gesamtabweichung in der zulässigen Größe, dann werden die Punkte 2, 3 und 4 ausgelassen und Punkt 5 ist der neue Ausgangspunkt. Andernfalls wird die Abweichung zwischen Punkt 1 und 4 usw. ermittelt. Wenn die Gesamtabweichung zwischen Punkt 1 und 2 noch größer als 10 % der APT-Toleranz ist, wird wie in Kapitel 6.1.1. beschrieben, $\overline{P_1P_2}$ halbiert und wieder gegen 10 % geprüft.

Bemerkenswert ist, daß bis zum vorletzten Punkt (P_3) die Gesamtabweichung gegen 40 % der APT-Toleranz geprüft werden kann, da die APT-Punkte in der Mitte des Toleranzschlauches liegen (Bild 6/1b). Nur beim letzten Cut-Vector, und allen weiteren durch Halbieren gewonnenen Cut-Vectoren muß wieder gegen 10 %

geprüft werden, da der Cut-Vector im Halbierungspunkt vom Toleranzschlauch nur 10 % der APT-Toleranz entfernt ist. Dieses Verfahren erlaubt maximal 3 von 5 Punkten auszulassen.

6.1.3. Linearisierung durch Vorwärtsgehen

Nachteile der bisher aufgeführten Verfahren sind die Beschränkung auf maximal 3 auszulassende Punkte, die Berechnung der Spitzenabweichung nach dem Satz von Pythagoras und die Abprüfung auf 10 % der APT-Toleranz. Außerdem setzen [7, 8] bei diesen Verfahren nur lineare Interpolation voraus.

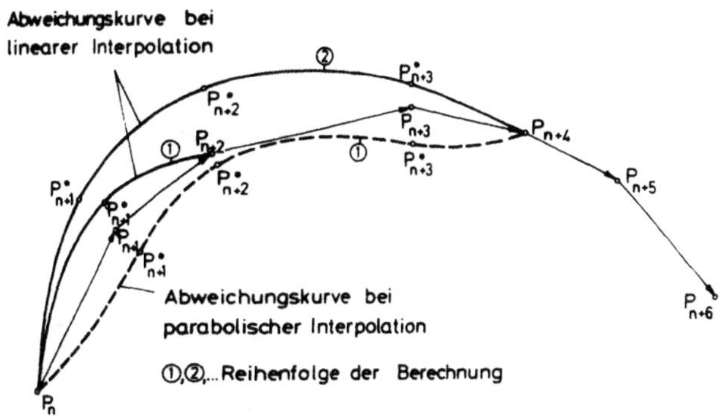

Bild 6/4: Vorwärtsgehen für beliebig viele Punkte

Das Vorwärtsgehen beim hier entwickelten Verfahren [4] beginnt mit 3 APT-Punkten (Bild 6/4). Gegeben seien die Punkte P_{n+i} ($i = 0, 1, 2, \ldots, m$). Es wird von einem Punkt P_n der Fräserbahn ausgegangen und jeweils die Abweichung zwischen den Punkten P_n und P_{n+2i} ($i = 0, 1, 2, \ldots, m/2$) berechnet, wobei die Anzahl der Cut-Vectoren größer als 2 und geradzahlig sein muß.

Das Vorwärtsgehen erfolgt so lange, bis die Kurve der Gesamtabweichung außerhalb des Toleranzschlauches fällt.

Der Ablauf für die Ermittlung der Spitzen- und Winkelabweichungen entspricht weitgehend den Berechnungen in Kapitel 3., Bild 3/4. Aus dem Verlauf der Spitzenabweichungskurven (Bild 3/9 und 3/10) wird ersichtlich, wo etwa die Maxima der Spitzenabweichungen liegen. Die korrespondierenden Punkte reichen aus, um mit guter Näherung die größten Abweichungen zu ermitteln.

Zur Berechnung der korrespondierenden Punkte P^*_{n+k} (k = 1, 2, 3, ..., (m-1)) werden in den Gleichungen aus Kapitel 3. für t die Werte t_k eingesetzt. Für t_k gilt:

$$t_k = \frac{\sum_{i=1}^{k} l_i}{\sum_{i=1}^{m} l_i} \qquad (6\text{-}1)$$

l_i sind die einzelnen Cut-Vector-Längen und ergeben sich aus:

$$l_i = \overline{P_{n+i}\ P_{n+i-1}} \qquad (i = 1, 2, 3, \dots, m) \qquad (6\text{-}2)$$

Ein weiterer Unterschied besteht bei der Berechnung der Spitzenabweichungen. Da man nicht mehr den maximalen Abstand zu einem Cut-Vector prüfen kann, sondern gegen einen Polygonzug prüfen muß, wird wie in Bild 6/5 gezeigt, vorgegangen.

Die Spitzenabweichung $s(t_k)$ des Punktes P^*_{n+k} ist der Abstand zum Cut-Vector l_i. Ist die Entfernung P^*_{n+k} zu P_{n+i+1} kleiner als die Entfernung P^*_{n+k} zu P_{n+i-1}, so ist die Spitzenabweichung $s(t_k)$ der Abstand von P^*_{n+k} zum Cut-Vector l_{i+1}.

Berechnet man die Abweichungskurve über i Cut-Vectoren, so erhält man i-1 Spitzenabweichungen. Die größte dieser Abweichungen wird mit der Fertigungstoleranz verglichen.

Bei den in Kapitel 6.1.1. und 6.1.2. beschriebenen Verfahren war, bedingt durch die Prüfmethode gegen 10 % bzw. 40 % der

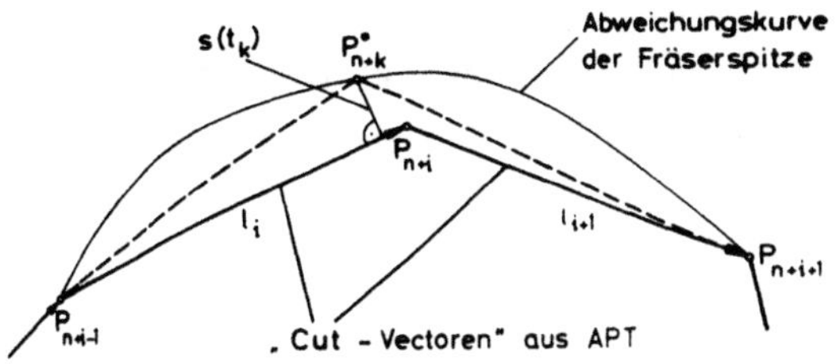

Bild 6/5: Bestimmung der maximalen Spitzenabweichung beim Vorwärtsgehen

APT-Toleranz, die Abweichung der Sollfräserbahn von der Istfräserbahn stets innerhalb des APT-Toleranzschlauches mit dem Durchmesser TOL.

Bild 6/1b zeigt die Lage der Cut-Vectoren im Toleranzschlauch. Es ist nicht wichtig, ob eine Außen- oder Innentoleranz für eine zu bearbeitende Fläche definiert ist, immer wird eine "Pseudo-Surface" mittig in den Toleranzschlauch gelegt. Die errechneten Fräserbahnpunkte liegen im Bereich von 0,1·TOL zur Pseudo-Surface. Die abprüfbare Entfernung der Punkte zur Aussenwand des Toleranzschlauches beträgt 0,4·TOL·f.

Als Formabweichung a_F wird die Abweichung der tatsächlichen Werkstückgeometrie von der programmierten Werkstückgeometrie bezeichnet. a_F ist identisch mit der Abweichung der Istfräserbahn von der Pseudo-Surface aus gemessen und ergibt sich zu:

$$a_F = TOL\ (0{,}4 \cdot f + 0{,}1) \qquad (6-3)$$

Der Faktor f wurde eingeführt, um Punktdichteverhältnisse P_{NOTW}/P_{APT} für Formabweichungen, die größer als TOL/2 sind, zu berechnen. Für f = 1 liegen die Formabweichungen innerhalb des APT-Toleranzschlauches, da a_F = TOL/2.

Zum Vergleich der Punktdichte bei linearer und parabolischer Interpolation wurden Fräserbahndaten aus APT-Teileprogrammen genommen, die mit TOL = 0,2 berechnet waren. Die Methode des Vorwärtsgehens aus Kapitel 6.1.3. wurde nun für f = 1, 2, 3, ..., 11 bzw. a_F = +0,1 , +0,18 , +0,26 , ..., +0,9 mm angewendet.

6.2. Vergleich der Punktdichte bei linearer und parabolischer Interpolation

Getestet wurde mit Datensätzen aus APT-Teileprogrammen für die fünfachsige Bearbeitung einer Halbkugel [13, 21]. Das Verhältnis der notwendigen Punkte P_{NOTW} zur Anzahl sämtlicher aus APT kommenden Punkte P_{APT} ist ein normiertes Maß für die Punktdichte. Sie ist eine Funktion der Formabweichung, der Bauform der Maschine, der Daten für die Fräserbahn und der Interpolationsart.

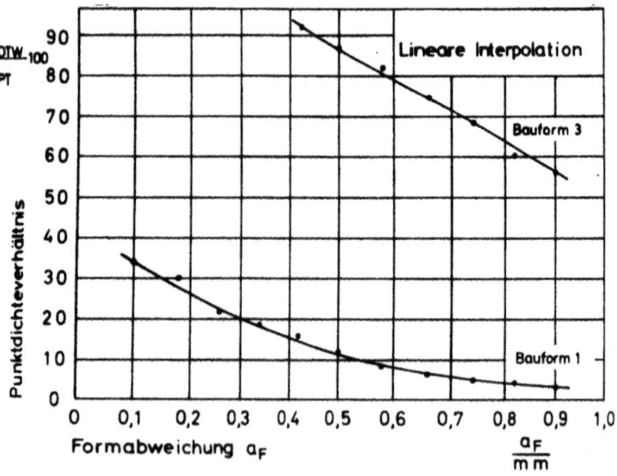

Bild 6/6: Punktdichteverhältnis bei linearer Interpolation (Bauform 1 und 3)

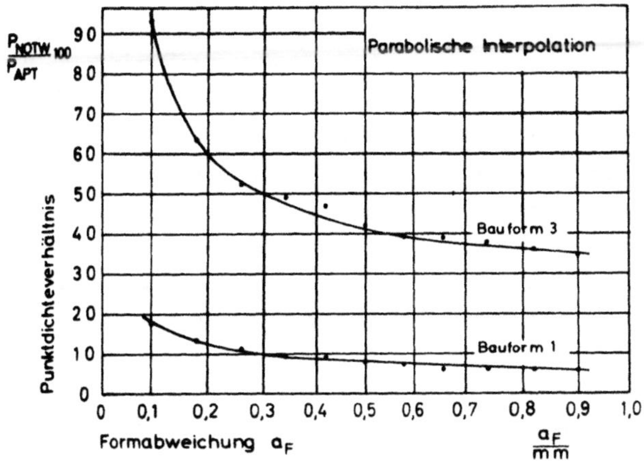

Bild 6/7: Punktdichteverhältnis bei parabolischer Interpolation (Bauform 1 und 3)

Bei linearer Interpolation und der Bauform 1 sind nur etwa 35 % der Fräserbahndaten notwendig, damit die Formabweichung a_F nicht größer als der APT-Toleranzschlauch wird (Bild 6/6).

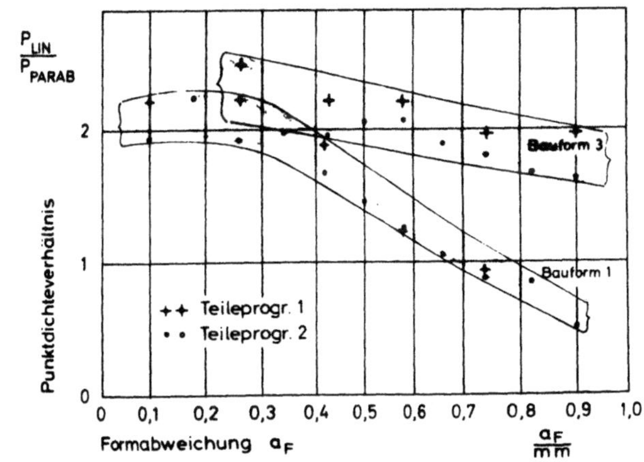

Bild 6/8: Punktdichteverhältnisse aus verschiedenen Teileprogrammen

Für die Bauform 3 ist diese Forderung ohne Datenerhöhung nicht erfüllbar - bei gleicher Formabweichung sind etwa 6 bis 10 mal mehr Daten nötig als bei den Bauformen 1 und 2.

Bei parabolischer Interpolation (Bild 6/7) wird auch mit Bauform 3 noch eine Formabweichung, die kleiner ist als der APT-Toleranzschlauch, erreicht. Obwohl die Steuerung zur Durchführung der parabolischen Interpolation einen weiteren Stützpunkt braucht, ergeben sich besonders bei kleineren Formabweichungen wesentlich weniger Punkte als bei der linearen Interpolation.

In Bild 6/8 sind zwei Datensätze verarbeitet, die sich aus zwei Teileprogrammen zur Bearbeitung einer Halbkugel und eines Kegelstumpfes ergeben.

7. Die abweichungsfreie Fräserbewegung bei Mehrachsenfräsmaschinen

Wie in den Kapiteln 3.4. bis 6.2. beschrieben, treten an Mehrachsenfräsmaschinen Abweichungen der Istfräserbahn gegenüber der Sollfräserbahn auf. Jedes Kontroll- und Korrekturverfahren (siehe Kapitel 6.1.1. bis 6.1.3.) erfordert im Postprocessor einen großen Rechenaufwand und eine große Ausgangsdatenmenge.

Bei den heute üblichen Ausführungen von Steuerungen - insbesondere bei den möglichen Interpolationsarten (lineare und parabolische) für Mehrachsenmaschinen - und bei den aus der APT-Verarbeitung kommenden Daten sind die in Kapitel 6.1.1. bis 6.1.3. aufgeführten Linearisierungsverfahren notwendig und sinnvoll. Die Anpassung der Datenmenge an die geforderte Fräserbahn erfolgt mit Näherungsverfahren.

Aufgrund der rasch fortschreitenden Rechnertechnik und der daraus resultierenden Möglichkeit, Prozeßrechner mit kleiner Zykluszeit und vertretbarem Kostenaufwand zu bauen, ergeben sich für die Steuerung einer Werkzeugmaschine neue Entwicklungen, wie die Rechnerdirektsteuerung [11, 19] , bzw. die Ausrüstung der Steuerung mit einem frei programmierbaren Prozeßrechner [9] .

Diese Steuerungsentwicklungen ermöglichen eine nahezu abweichungsfreie Fräserbewegung nach folgendem Verfahren.

7.1. Verfahren zur abweichungsfreien Fräserbewegung

Den bereits beschriebenen Linearisierungsverfahren liegen speziell für die Mehrachsenbearbeitung von APT berechnete Cut-Vectoren zugrunde. Sie werden, wie in Bild 6/1 gezeigt, mittels einer besonderen Anweisung (MAXDP/-2) berechnet; das hat eine Datenvermehrung und einen erhöhten Rechenaufwand zur Folge.

Die aus APT kommenden Punkte und Einheitsvektoren müssen im Postprocessor in Maschinenkoordinaten und -winkel umgewandelt und diese Datenmenge an die geforderte Datenmenge angepaßt werden; dies erfordert entweder eine Datenreduktion oder ein nachträgliches Berechnen von weiteren Daten im Postprocessor (vgl. Kapitel 6.1.1. bis 6.1.3.).

Die auf dem Steuerlochstreifen stehenden geometrischen Informationen - also die Maschinenkoordinaten und -winkel - sind bei Mehrachsenfräsmaschinen nicht mehr leicht interpretierbar; denn im Gegensatz zu dreiachsigen Maschinen ist der Zusammenhang zwischen dem W-System und dem M-System nur über transzendente Transformationsgleichungen (Gl. 3-4 bis 3-9) gegeben.

Beim Einsatz eines Rechners in der Steuerung zur abweichungsfreien Fräserbahnberechnung wäre eine Änderung des Eingabeformates der Steuerung möglich. Das Eingabeformat einer Steuerung legt fest, in welcher Form geometrische und technologische Informationen, die einen Bearbeitungsschritt am Werkstück beschreiben, zu codieren sind [23]. Einzugeben wären in diesem Falle:

a) Die Werkstückkoordinaten X_W, Y_W und Z_W.
b) Die Lage der Werkzeugachse durch den Einheitsvektor i_W, j_W und k_W.
c) Der Werkzeugschwenkradius r_{WZ}.
d) Die programmierte Bahngeschwindigkeit u_{PROG}.
e) Die üblichen Wegbedingungen und Zusatzfunktionen. Die Wegbedingungen geben an, nach welchen Kriterien die geometrischen Informationen miteinander verknüpft werden sollen (Interpolationsart, Anfahrcharakteristik von Punkten usw.), während mit den Zusatzfunktionen bestimmte Maschinenfunktionen (Drehzahlen, Drehrichtungen, Kühlwasser usw.) angesprochen werden.

Die eingegebenen Werkstückkoordinaten und Einheitsvektoren müßten von APT nicht speziell für eine nachfolgende Linearisierung berechnet sein, sondern könnten, wie in Bild 6/1a gezeigt, ohne MAXDP/-2 errechnet werden; das bedeutet eine Eingabedatenreduktion um etwa 40 %.

Wenn es möglich ist, mit einem Prozeßrechner Sollwerte in den einzelnen Maschinenachsen so vorzugeben, daß die Zeitspanne t_{AP} zwischen zwei aufeinanderfolgenden Punkten klein genug ist [15] (z. B. 10 ms), dann können die Sollwerte für die einzelnen Maschinenachsen vom Prozeßrechner vorgegeben werden.

Dazu müssen zunächst aus den Werkstückkoordinaten X_W, Y_W, Z_W und dem Einheitsvektor i_W, j_W, k_W die Maschinenkoordinaten X_M, Y_M, Z_M, α_M (β_M) und γ_M berechnet werden.

Mit Gl. 3-19 berechnet man Zwischenpunkte auf dem Cut-Vector. Statt t ist t_{AP} zu setzen, wobei:

$$0 \leq n \cdot t_{AP} \leq t_{GES}$$

$$(n = 0, 1, 2, \ldots, \frac{t_{GES}}{t_{AP}}) \qquad (7-1)$$

$$\text{und } t_{GES} = \frac{1}{u_{PROG}} \text{ (siehe Gl. 5-1)}$$

Diese n Cut-Vector-Zwischenpunkte werden nacheinander ins M-System umgerechnet und als Sollwerte in den einzelnen Achsen vorgegeben. Die dazu notwendigen Zwischenvektoren errechnet man nach dem in Kapitel 3.4.2. beschriebenen Verfahren mit Gl. 3-14.

7.2. Vorteile des Verfahrens

a) Geringere Datenmenge aus APT, damit kürzere Rechenzeit für das Teileprogramm.

b) Abweichungsfreies Anfahren der auf einem Cut-Vector errechneten Zwischenpunkte.

c) Im Postprocessor entfällt die Umrechnung der Koordinaten vom W-System in das M-System und damit die ganze Linearisierung. Somit wird der Postprocessor wesentlich weniger umfangreich und die jeweiligen Verarbeitungskosten eines APT-Teileprogramms billiger.

d) Die geometrischen Eingabedaten auf dem Steuerlochstreifen sind für den Bedienungsmann lesbar. Er kann den Fertigungsablauf besser kontrollieren und ist in der Lage, manuell Maschinenpositionen vorzugeben.

e) Die Interpolation in der heutigen Form entfällt.

7.3. Nachteile des Verfahrens

a) Die Steuerung muß mit einem frei programmierbaren Rechner ausgerüstet sein. Damit erhöhen sich die Anschaffungskosten.

b) Man könnte die Rechneroperationen (Transformationen im weiteren Sinn) auch hardware-mäßig ausführen. Damit wäre die Steuerung aber für eine ganz bestimmte Werkzeugmaschine stärker zugeschnitten und Änderungen kaum möglich.

c) Die Rechengeschwindigkeit muß sehr hoch sein. (Cut-Vector-Länge $l = 5$ mm, $u_{PROG} = 500$ mm/min, Stützpunktabstand 0,5 mm und fünfachsige Bewegung ergibt zur Berechnung eines Punktes $t_{AP} = 12$ ms). Reduziert man die Rechenoperationen auf ein Minimum, so braucht heute ein Rechner (z. B. CDC 6600) für die Berechnung einer Fräserposition ungefähr 10 ms.

d) Die einzelnen Punkte im W-System und M-System werden nach einem festen Zeittakt vorgegeben. Auf dem Cut-Vector sind (Gl. 3-19) die Weginkremente noch gleich groß (konstante Bahngeschwindigkeit), im M-System nicht mehr. Dies ergibt im M-System in den einzelnen Achsen von Sollwert zu Sollwert unterschiedlich große und nicht konstante Bahngeschwindigkeitsverläufe (vgl. Kapitel 5.). Allerdings wirken diese sich bei sehr dichter Sollwertvorgabe nicht mehr nachteilig aus.

8. Entscheidungshilfen für den Anwender von Mehrachsenfräsmaschinen

Der Anwender des Fertigungssystems Mehrachsenfräsmaschine mit numerischer Steuerung hat von bestimmten Bedingungen auszugehen. Im einzelnen sind diese:

Bauform der Mehrachsenfräsmaschine,
Möglichkeiten der numerischen Steuerung und
Geometrische Daten aus der Verarbeitung des APT-Teileprogramms.

Diese Bedingungen bilden in der vorliegenden Arbeit den Ausgangspunkt für die Erstellung des Rechenprogramms, das die Abweichungen am Cut-Vector bestimmt. In einem allgemein gültigen Berechnungsschema sind sie variabel zu halten. Der Austausch von Unterprogrammen aus dem Rechenprogramm, entsprechend geänderter kinematischer Konfigurationen, gestattet Lage und Größe von Abweichungen bei verschiedenen Fertigungssystemen zu ermitteln. Der zugehörige Informationsfluß ist auf den Bildern 3/4 und 5/1 dargestellt; die den Berechnungen zugrunde liegenden Gleichungen sind in Kapitel 3. und 5. aufgeführt.

Grundsätzlich zeigt die Analyse der Abweichungen zwischen zwei vorgegebenen Fräserpositionen, daß weder auf die Kenntnis der Abweichungen verzichtet werden kann, noch ihre Größe vernachlässigbar ist.

Über die Auswahl der Bauform einer Mehrachsenfräsmaschine entscheidet in der Regel das zu fertigende Teilespektrum. Gleichzeitig ist es wichtig, sich im voraus, durch die Untersuchung ähnlich geeigneter Bauformen von Mehrachsenfräsmaschinen und Steuerungen, Klarheit über die entstehenden Abweichungen zu verschaffen.

Methoden und Ergebnisse der vorliegenden Untersuchungen können mitentscheidend für die Auswahl einer bestimmten Mehrachsenfräsmaschine-Steuerungskombination für ein spezielles Teilespektrum sein.

Ist diese Auswahl getroffen, so wird anschließend das Linearisierungsprogramm, ein Bestandteil des Postprocessors für Mehrachsenfräsmaschinen, erstellt.

Das in Kapitel 6.1.3. entwickelte Berechnungsschema basiert auf den Analysen bereits bestehender Linearisierungsprogramme. Es unterscheidet sich von den anderen durch die zusätzliche Berücksichtigung der parabolischen Interpolation und die Prüfung der Daten durch Vorwärtsgehen ohne Beschränkung der Punkte reduktion.

Gerade die parabolische Interpolation bringt große Vorteile bezüglich der notwendigen Datenmenge, d. h. es sind wesentlich weniger Daten notwendig, um bei gleicher Fertigungstoleranz Werkstücke zu fertigen (Bild 6/8). Weniger Eingabedaten reduzieren die Fehlermöglichkeiten und eventuell die Kosten. Zudem werden Beschränkungen umgangen, die sich durch die Dynamik der Regelkreise in der Steuerung ergeben. Die Linearisierung im Postprocessor ist etwas rechenintensiver und deshalb teurer.

Weiter wurde ausgeführt, daß die Linearisierung bei parabolischer Interpolation vernachlässigt werden kann, allerdings ohne Verminderung der Datenmenge. Der Teileprogrammierer sollte sich, um Erfahrungen für die Toleranzangabe im APT-Teileprogramm zu sammeln, laufend die Ergebnisse aus der Linearisierung ansehen. Gelingt es nämlich, die Toleranz so zu wählen, daß im Postprocessor weder eine Erhöhung noch eine Reduzierung der APT-Daten nötig wird, so hat dies einen geringeren Rechenaufwand zur Folge.

Der in Kapitel 7. aufgeführten, abweichungsfreien Fräserbewegung sollte bei der Auswahl einer Steuerung besondere Beachtung geschenkt werden. Bei der Rechnerdirektsteuerung bzw. bei einer Steuerung mit frei programmierbarem Rechner erübrigt sich die Linearisierung, das Eingabeformat der Steuerung wird leichter entschlüsselbar und der Postprocessor wird wesentlich einfacher und damit billiger. Dies führt auch zu einer Verminderung des Rechenzeitanteils vom Postprocessor und damit der Kosten für die Verarbeitung eines Teileprogrammes.

9. Zusammenfassung

In der vorliegenden Arbeit wurde eine umfassende Analyse der Fräserbahnabweichungen an numerisch gesteuerten Mehrachsenfräsmaschinen durchgeführt. Dazu war es notwendig alle Parameter und ihre Auswirkungen zu untersuchen.

Zunächst wurde auf die Interpolationsarten der numerischen Steuerungen für Mehrachsenfräsmaschinen und den notwendigen Unterschied zur Interpolation bei den üblichen Steuerungen für maximal 3 translatorische Achsen eingegangen. Mit den untersuchten drei Bauformen von Mehrachsenfräsmaschinen ist aufgrund ihres Arbeitsbereiches keine eindeutige Zuordnung der Maschinenposition zu den Werkstückdaten möglich. Die Gründe für die Auswahl einer von den zwei Positioniermöglichkeiten wurden ausführlich aufgezeigt.

Bei der Untersuchung der entstehenden kinematischen Abweichungen vom Cut-Vector wurde zwischen der Spitzen- und Winkelabweichung unterschieden und auf die Zusammenhänge zwischen beiden Abweichungen hingewiesen. Weitere Betrachtungen galten dem Zusammenhang der programmierten und der tatsächlichen Bahngeschwindigkeit am Werkstück. Quantitative Aussagen über diese Abweichungen lieferte das hierfür entwickelte Rechenprogramm.

Im zweiten Teil der Arbeit wurden die in der Literatur nur unzureichend dokumentierten Linearisierungsverfahren analysiert und ihre Grenzen diskutiert. Aus diesen Kenntnissen wurde eine neue Methode der Anpassung von APT-Datenmengen an die für eine bestimmte Fertigungstoleranz notwendigen Datenmengen entwickelt.

Alle Untersuchungen und Methoden wurden für lineare und parabolische Interpolation und drei Maschinenbauformen durchgeführt. Obwohl die erarbeitete Methode der Datenanpassung unter den gegebenen Voraussetzungen gute Ergebnisse liefert, ist der Rechenaufwand für eine Linearisierung im Nachverarbeitungsprogramm (Postprocessor) relativ groß.

Eine Konsequenz aus den Untersuchungen war, eine Methode der abweichungsfreien Fräserbewegung darzustellen, die sich aufgrund neuerer Steuerungsentwicklungen anbietet und weitere wesentliche Vorteile bringt.

Dem Anwender von Mehrachsenfräsmaschinen werden somit zwei grundsätzliche Möglichkeiten gezeigt, die Fräserbahnabweichungen an diesen Maschinen zu beherrschen.

Bei der zukünftigen Entwicklung von Steuerungssystemen für Mehrachsenfräsmaschinen sollte der abweichungsfreien Fräserbewegung und den daraus resultierenden Vorteilen besondere Aufmerksamkeit geschenkt werden.

Berichte aus dem Institut für Steuerungstechnik der Werkzeugmaschinen und Fertigungseinrichtungen der Universität Stuttgart

---

Herausgegeben von Prof. Dr.-Ing. G. Stute

ISW 1

Numerische Bahnsteuerung

Beitrag zur Informationsverarbeitung und Lageregelung.

Von Dr.-Ing. **Dietmar Schmid,**
1972, 89 S. mit 44 Bildern

ISBN 3-540-05834-6, ISBN 0-387-05834-6

Kart. DM 24.–

ISW 2

Fräsbearbeitung gekrümmter Flächen

Flächenbeschreibung, Programmierung und Fertigung

Von Dr.-Ing. **Horst Schwegler,**
1972, 111 S. mit 36 Bildern

ISBN 3-540-05835-4, ISBN 0-387-05835-4

Kart. DM 24.–

ISW 3

Numerisch gesteuerte Mehrachsenfräsmaschinen

Fräsbahnabweichungen aufgrund der Kinematik und Interpolation.

Von Dr.-Ing. **Jörg Eisinger,**
1972, 90 S. mit 45 Bildern

ISBN 3-540-05836-2, ISBN 0-387-05836-2

Kart. DM 24.–

In Vorbereitung:

Rechnersteuerung von Fertigungseinrichtungen

Von Dip.-Ing. **Rainer Nann,**
1972, ca. 130 S. mit ca. 45 Bildern

Untersuchung einer stetigen zweiachsigen Nachformeinrichtung

Von Dipl.-Ing. **Gerhard Augsten,**
1972, ca. 120 S. mit ca. 60 Bildern

Die Automatisierung der Fertigungsvorbereitung durch NC-Programmierung

Von Dipl.-Ing. **Bernhard Karl,**
1972, 121 S. mit 44 Bildern

NC-Programmiersystem

Beitrag zur numerischen Verarbeitung eines geometrischen Werkstückbeschreibungssystems

Von Dipl.-Ing. **Helmut Eitel,**
1972, 120 S. mit 49 Bildern

Springer-Verlag
Berlin · Heidelberg · New York

GPSR Compliance

The European Union's (EU) General Product Safety Regulation (GPSR) is a set of rules that requires consumer products to be safe and our obligations to ensure this.

If you have any concerns about our products, you can contact us on ProductSafety@springernature.com

In case Publisher is established outside the EU, the EU authorized representative is:

Springer Nature Customer Service Center GmbH
Europaplatz 3
69115 Heidelberg, Germany

Batch number: 10682427

Printed by Printforce, the Netherlands